厚煤层残煤复采采场围岩控制理论及关键技术

张小强　著

煤 炭 工 业 出 版 社

· 北　京 ·

内 容 提 要

针对我国厚煤层残采煤炭资源复采实践中存在的问题,以安全、高效、高回收率为目标,对厚煤层残采煤炭资源复采综放采场围岩控制、综放工艺参数进行了深入研究,建立了残采煤炭资源可采性评价体系。本书主要内容有残煤复采采场覆岩结构及运移规律研究、残煤复采采场支承压力演化及支架围岩相互作用关系研究、残煤复采采场围岩综合控制技术研究、复采综放工作面工艺参数优化研究,以及建立厚煤层残采煤炭资源复采可采性综合评价体系。

本书可作为采矿工程、岩土工程等专业的本科生和研究生的参考用书,也可供有关科研工作者、煤矿企业工程技术人员及高校教师阅读参考。

前　言

20世纪90年代以前,由于我国的煤炭工业装备及技术发展水平较为落后,厚煤层开采主要采用巷柱式、巷放式(高落式)和残柱式等比较落后的采煤方法及采煤工艺,采出率不及30%,造成了厚煤层煤炭资源极大浪费。尤其是陕西、山西及内蒙古等几大产煤大省(自治区),由于煤炭资源开采历史悠久,采用落后采煤方法破坏的厚煤层煤炭资源数量惊人。随着采矿理论和采矿工艺的发展,这些未被有效利用的残留煤炭资源即"残煤"再次被开发利用成为可能。然而厚煤层残煤复采不仅开采难度大、开采成本高,而且现有研究成果不足以指导我国的厚煤层残煤复采实践,未形成系统的厚煤层残煤复采采场围岩控制理论,以及与其相适应的综放开采工艺,特别是未建立一套成熟的厚煤层残采煤炭资源可采性评价体系,因而极大地限制了我国残煤复采的全面推广。

2012年,弓培林教授成功申报了"十二五国家科技支撑计划——大型煤炭基地难采资源高回收率开采关键技术集成示范"。课题以实现旧采残留煤炭资源高效开采、提高煤炭资源回收率为目标,建设旧采残煤长壁综放示范工作面,形成残煤区积水、积气采前处置,残煤区巷道稳定性控制,残煤长壁综放采场围岩控制,残煤长壁综放安全保障理论及关键技术。该课题的研究极大地丰富了残煤复采理论,研究成果对我国残采煤炭资源安全、高效、高回收率复采起到显著的推动作用,同时也深刻地认识到,残煤复采是非常有发展前途的开采技术。

鉴于此,笔者在王安院士、弓培林教授的指导下进一步深入研究厚煤层残煤复采采场围岩控制理论,建立了以"残煤复采采场覆岩不规则岩层块体传递岩梁结构模型"为核心的残煤复采采场围岩控制理论,提出了残煤复采采场围岩综合控制关键技术。在此基础上,深入、系统地分析了复采综放工作面顶煤运动特征,给出了特定条件下最优放煤工艺参数;同时从经济、安全两个方面考虑,指定了残采煤炭资源可采性综合评价体系。

本书是在导师王安院士及弓培林教授的悉心指导下完成的。在课题研究过程中,赵阳升教授、梁卫国教授、董宪姝教授、冯国瑞教授、胡耀青教授从学科发展的高度给笔者提供了很多有益的建议,并始终给予笔者极大的支持和帮助。其中,相似模拟、理论分析及数值模拟部分得到了王开副教授、李建忠博士、段东博士、连清旺高工、靳京学高工、康军高工、刘畅研究生等的大力支持和帮助;在现场工作中,笔者得到了圣华煤业刘洪太矿长、张国平总工的帮助和支持。在此,向他们表示衷心的感谢。

厚煤层残采煤炭资源安全高效复采技术仅仅是一个开始,大量细致的研究工作还有待于开展和完善。愿本书的出版能够起到抛砖引玉的作用,使厚煤层残采煤炭资源安全高效复采技术的研究工作引起同行的高度重视,共同为我国煤炭工业可持续发展做出贡献。

　　由于笔者的能力和水平有限,偏颇与疏漏在所难免,恳请专家、学者和同行批评、指正。

著　者

2019 年 7 月

目　　录

1 绪 论

1.1 概述

我国是煤炭生产和消费大国,已探明的煤炭资源占世界总储量的 11%,而我国人口则占世界总人口的 1/5 ~ 1/4,也就是说,我国人均煤炭占有量不足世界平均占有量的一半。煤炭资源短缺将直接影响我国的发展和生存,煤炭资源的大量浪费严重影响了我国煤炭资源的可持续发展。

全世界已探明的厚煤层储量占煤炭资源总储量的 30% 以上,在我国已探明的厚煤层储量占煤炭总储量的 45% 以上,厚煤层产量也达到开采总产量的 50% 左右,因此,厚煤层开采直接影响我国国民经济的发展水平,也综合体现了我国煤炭工业的发展水平。而在 20 世纪 90 年代以前,由于我国的煤炭工业装备及技术水平发展较为落后,厚煤层开采方法主要有巷柱式、巷放式(高落式)和残柱式等比较落后的采煤方法及采煤工艺,采出率不及 30%,造成厚煤层煤炭资源的极大浪费。尤其是陕西、山西及内蒙古等几大产煤大省(自治区),由于煤炭资源开采历史悠久,采用旧采煤方法破坏的厚煤层煤炭资源数量惊人。以山西省晋城市阳城县为例,该县煤炭资源采用旧式开采方法的面积约 197.5 km²,开采煤层为 3 号煤层,平均厚度为 5.88 m,采出率不足 30%,也就是说,该县 1 km² 被遗弃的资源量达 5.8 Mt。残煤复采回收率按 60% 计,则 1 km² 可再回收 3.5 Mt 煤炭资源,则阳城县复采 3 号煤层可再回收 692.6 Mt 煤炭资源。

目前在现有技术和装备条件下,可以将被遗弃和浪费的资源再次回收加以利用,使其发挥应有的价值和作用。因此,对旧式开采方法开采区域的煤炭资源进行复采不但可使我国有限的资源得以充分利用，而且能够实现我国煤炭工业的可持续发展，促进地方经济繁荣和发展，对我国煤炭工业的持续、健康发展具有重要意义。

1.2 厚煤层开采技术的发展及存在问题

目前，厚煤层主要采用长壁综采分层开采、放顶煤开采和大采高开采。由于分层开采成本较高、工序复杂、劳动效率低等，已经逐步被淘汰。长壁放顶煤开采是一种既经济又安全且被广泛应用的煤炭开采方法。放顶煤开采最早由苏联提出，我国在20世纪80年代中后期引入该采煤方法。1984—1994年，我国综放开采迅速发展，到1994年，已有60个工作面采用综放开采，其中超过百万吨的占30%左右，1984—1994年是综放开采逐步进入成熟且被广泛应用的时期。进入21世纪以后，我国综放设备及开采工艺的发展水平已处于世界领先地位，综放开采逐步被应用到煤层赋存较为复杂的倾斜煤层及急倾斜厚煤层，但在近水平或缓倾斜厚煤层的应用最为广泛，且单个工作面的年产量逐步提高。大采高综放开采工作面的成功试验，使得我国单工作面年产量达到1500万t以上。虽然放顶煤开采回收率较一次采全高低，但由于其适应性强、能耗低，装备及工艺发展较为完备而得到了广泛发展及应用。

大采高综采一般是指开采煤层厚度大于3.5 m一次采全厚的开采方法。大采高开采技术最早于20世纪60年代开始研究，1970年德国热罗林矿采用垛式支架开采了4 m厚的煤层，而后各国不断推出新型的大采高支架，并取得了较好的使用效果。我国大采高综采开始于20世纪70年代，开滦范各庄矿1477工作面引进德国赫姆夏特公司的G320-23/45型掩护式大采高支架及相应的采煤运输设备开采3.3~4.5 m的厚煤层，最高月产达到94997 t，达到我国当时的最高水平。与此同时，我国开始自行研制大采高支架和采煤机，2010 年，神华集团补连塔煤矿大采高综采工作面装备了由我国自行研制的采高为 7~7.5 m 的 ZY16800/32/70 型大采高液压支架，并实现了年产 1000 万 t 的目标。补连塔煤矿大采高工作面的成功试验把我国厚煤层开采技术与装备提升到了世界先进水平。但是大采高开采受煤层赋存条件的限制，对煤层赋存条件、顶底板岩性及构造发育程度的要求较高，适应性较差，尤其是对于煤层赋存较为复杂的残采煤层，其适应性更差。

1.3　影响厚煤层残煤复采的主要因素

煤炭是我国重要的基础能源和原料，因此，合理、高效、有计划地开发利用煤炭资源，特别是稀缺的煤炭资源，对于保障我国国民经济稳步发展及国家安全具有重要意义。然而，20 世纪 90 年代以前，我国煤炭工业发展受投资、开采工艺及装备水平的限制，许多矿井采用落后的巷柱式、巷放式或残柱式开采体系，其煤炭资源回收率不足 30%，其中不乏无烟煤、焦煤等稀缺的优质煤炭资源，造成我国煤炭资源大量浪费，严重制约着我国煤炭工业可持续发展的战略目标。采用巷柱式、巷放式、残柱式等开采方法称为残采，残采后遗留的煤炭资源称为残煤。对残煤重新开采称为复采。

由于煤炭资源不可再生，残煤复采是我国实现煤炭工业可持续发展的一个有效途径。尽管残煤复采的优点很多，但是实现残煤复采安全高效生产的影响因素也很多，这些因素在不同程度上限制了残煤复采的发展。事实上，到目前为止，真正实现残煤复采的工作面屈指可数，且大部分矿井残煤复采综放工作面处于试验阶段，复采工作面围岩控制也采用没有任何理论支撑的传统架木垛、打钢钎等安全隐患较高的控制方式。以山西省晋城市阳城县尹家沟煤业为例，该矿 3 号煤层复采放顶煤工作面采用超前穿设钢钎处理煤壁片帮，采用架设木垛处理空巷、空区等。该矿旧采时留设了 0.8～1.0 m 厚的底煤,为复采工作面安全回采提供了一定的便利条件,而对于其他赋存条件的煤层残煤采用围岩控制方式是不相适应的。换言之,具体条件下的个别残煤复采综放工作面的成功试验并不代表一种采煤方法或采煤工艺的成熟,影响其发展的主要因素如下。

1. 残煤复采围岩控制理论研究不能满足生产实践要求

目前,残煤复采放顶煤开采的围岩控制理论几乎是空白。1990—2013 年,全国各类期刊有关实体煤放顶煤开采的文章近4000 篇,其中不乏大量的硕士、博士论文,而残煤复采放顶煤开采的文章仅 30 余篇,且多偏重于现场实测或应用。对于残煤复采放顶煤开采围岩控制理论的研究甚少,因而不能正确地提出残煤复采放顶煤开采的适用条件,也不能提出合理的围岩控制技术及方案,这将严重阻碍残煤复采放顶煤开采的推广、应用。

2. 残采区域内空区、空巷及冒顶区分布不清楚

残采区域主要形成于 20 世纪 90 年代以前,大部分矿井采用巷柱式、巷放式(高落式)和残柱式开采法等严重浪费煤炭资源的开采方式。由于当时生产管理不规范,且几乎所有矿井缺乏高级技术人员,造成开采技术资料不全、丢失,甚至没有编制开采技术资料的现象,由此导致在复采过程中无法掌握残采区域内空区、空巷及冒顶区的分布情况。

3. 现有放顶煤工作面液压支架无法满足残煤复采的需要

目前我国生产放顶煤液压支架的厂家很多,且放顶煤液压支架设计及制造工艺达到世界领先水平,如中煤北京煤矿机械有限公司、郑州煤矿机械集团有限责任公司、山西平阳重工机械有限责任公司和山东能源机械集团有限公司等。残煤复采存在的主要问题是工作面顶板端面冒漏、煤壁片帮及支架受力不规律等。而所有厂家生产的放顶煤液压支架都是针对实体煤开采设计并制造的,并未考虑残煤复采的特殊性。因此需要针对

残煤复采放顶煤工作面矿压显现特征研制适宜的液压支架。

4. 没有形成具有针对性的残采区积水、积气探测及处置方案

对于残采厚煤层而言，煤体受旧采破坏，工作面推进过程中经常会遇到空区、空巷，甚至冒顶区等复杂的煤层赋存情况。由于残采区形成时间较长，在空区、空巷中不可避免地会存在积水、积气的情况。目前国内外的物探方法主要包括以下几种：①瞬变电磁法；②高密度电法；③矿井直流电法；④矿井震波勘探；⑤音频透视；⑥三维地震；⑦无线电波透视等。其中瞬变电磁法、高密度电法、矿井直流电法、音频透视等物探方法能够探测老空区的积水情况，但是对于残采区空巷小面积的积水探测效果较差。对残采区内空区、空巷内积气情况的探测，目前没有较好的探测方法，只能依靠超前钻探来辨识空区、空巷内的积气情况，适用该方法的前提是必须明确残采区内空区、空巷的具体位置及走向。由此可见，到目前为止针对残采区内积水、积气的探测仍没有形成具体的、有效的探测方法及处置方案。

5. 工作面漏风问题严重

残煤复采的特点就是在错综复杂的空区、空巷内进行回采，而受旧采采动影响且经长时间放置，空区、空巷之间的煤柱必然形成大量裂隙。这些空区、空巷及煤柱裂隙造成复采工作面漏风问题严重，增加了工作面通风管理的难度。

综上分析，残煤复采放顶煤开采技术首先应抓住两个重点：其一，深入研究残煤复采放顶煤开采的围岩控制理论，针对不同煤层的赋存条件给出合理的控制方案；其二，加快研制残煤复采放顶煤液压支架，针对残煤复采矿压显现特征，提高设备的可靠性和适应性。因此，作者主要针对残煤复采放顶煤开采的围岩控制问题及支架围岩适应性进行研究。

1.4 残煤复采围岩控制事故及特点

由于残煤复采放顶煤开采顶板来压的不规律性及煤壁的破碎性，相对实体煤开采而言，出现支架围岩事故及煤壁大面积片帮的概率增大，处理事故的难度也增大。概括起来，残煤复采放顶煤开采围岩控制事故有以下两个特点。

1. 煤壁片帮引发端面冒顶

煤壁松软破碎后，煤壁片帮的概率增大，这是残煤复采放顶煤开采矿压显现的重要特点之一。煤壁片帮首先威胁安全生产；其次，煤壁片帮增大了端面距，而顶煤也较破碎，极易导致顶板端面冒漏。顶板端面冒漏极易造成支架顶梁出现空顶或偏载，造成支架受力不均而引发液压支架连接设备损坏或顶梁抬头，甚至发生倒架、垮架情况。同时冒落煤矸落入工作面将威胁作业人员的安全，加剧采煤机、刮板输送机等设备的磨损。冒顶事故处理既危险又困难，并会消耗大量坑木导致生产成本增加。

2. 工作面矿山压力显现不规律导致支架压死及损坏

残煤复采综放工作面顶板来压特征与实体煤开采完全不同。受残采采动的影响，残采煤层上覆岩层表现为一定的不连续性和破碎性。受残煤复采采场支承压力的作用，顶板断裂规律与实体煤开采不同，主要表现为顶板超前断裂的现象，此种现象定义为"逾越断裂"。断裂的顶板重量主要由工作面液压支架来承担，由此极易导致液压支架压死、损坏甚至发生垮架事故。

由此可见，在残煤复采采场支架围岩作用关系中，支架的稳定性决定采场的安全，同时要控制架前端面冒漏及顶板超前断裂。要做到这几点，关键是要掌握残煤复采放顶煤工作面采场围岩结构及运动变形规律，在此基础上，提出合理的残煤复采采场围岩控制对策及措施，这正是研究残煤复采围岩控制理论的意义所在。

1.5　残煤复采围岩控制理论研究现状

　　国内外许多矿井尝试进行残煤复采，如20世纪90年代，英国门克顿霍尔煤矿重新开采已关闭多年的老矿，并取得了较好的效益；保列斯瓦夫煤矿采用独头工作面壁式系统开采方法回收煤柱，取得了成功；Hawkins J. W提出了报废矿井重新开采的方案；Veil, John A. 等界定了复采的概念，阐述了如何更多地回采煤炭资源、如何提高矿井复采后的环境状况等问题；Smith，M. W为解决报废矿井酸性水的排出，对矿井的指定区域进行复采，从而有效地减小了排水量。我国的尹家沟、金鑫等矿井也积极探索对残煤进行复采，并取得了显著的经济效益。

　　以上所述残煤复采案例均处于试验阶段，且试验后并未系统地总结残煤复采围岩控制理论及技术方案。对于残煤复采采场围岩控制理论及其可采性评价的研究，目前开展得非常少，如残采煤层赋存特征、旧采空巷顶板稳定性判定、采场上覆岩层破断及运移规律等问题都还在不断地摸索和完善中。由于复采采场环境极其复杂，复采时上覆岩层结构已被部分破坏。同实体煤相比支架与围岩的关系也不同，复采时工作面上覆岩层往往发生超前断裂且易在支架上方形成完整的巨大"块体"结构，使得岩层重量和冲击载荷都作用在支架上，导致工作面设备损坏。旧采遗留空巷宽度不同，采场围岩控制重点及难点不同，如工作面过宽度较大的冒顶区时，易出现架前冒漏、大面积散体垮落等现象。因此，残煤复采技术还需要根据不同的生产环境展开进一步的深入研究，尤其是残煤复采采用长壁综放开采工艺时，采场围岩控制技术及安全措施等一系列问题都需要展开进一步的试验和研究。

1.5.1 残煤复采围岩控制技术研究现状

1. 采场上覆岩层结构、运动规律研究

(1) 具有代表性的采场矿压理论有压力拱假说、悬臂梁假说、铰接岩块假说、预成裂隙假说、砌体梁力学模型、传递岩梁假说等。

① 验砌体梁力学模型。我国学者采用结构力学方法，对采场上覆岩层平衡进行判定，提出了岩体结构的"砌体梁"力学模型，并将上覆岩层由下至上分为"三带"，沿走向分为"三区"，认为岩层周期来压后发生规则垮落，垮落岩层相互咬合、摩擦，构成平衡并给出平衡条件。在解释矿山压力显现规律时将上覆岩层中的坚硬岩层作为关键层，将上覆岩层中的软岩层或断裂岩层视为载荷。钱鸣高院士给出了砌体梁的受力分析，提出了"砌体梁"结构的关键块理论。砌体梁力学模型稳定性取决于滑落失稳和回转变形失稳两个条件。随着采场矿压理论的不断发展，又建立了砌体梁关键块体的"S-R"理论、岩层控制中的关键层理论等，使砌体梁理论得到长足发展。

② 传递岩梁假说。宋振骐院士建立了以上覆岩层运动为中心的岩层控制理论，提出了以下观点：①矿山压力显现随工作面推进而不断变化；②直接顶重量全部由支架承担，基本顶通过岩层传递作用向工作面前后传递；③强调区分"矿山压力"和"矿山压力显现"的区别。

(2) 丁光文详细阐述了块体理论及其应用实例，认为应用块体理论法首先是寻找关键块，并分析其滑动模式，确定其滑动面和滑动方向，最后进行稳定性计算。块体理论为分析采空区顶板稳定性提供了理论依据。

(3) 李红涛等采用相似模拟手段，对综放开采上位直接顶"散体拱"结构形成机理和运移规律进行了研究。该研究对于采用综采放顶煤工艺进行残煤复采时，顶板结构稳定分析提供了有益参考。

2. 旧采遗留煤柱稳定性分析研究现状

（1）翟新献等建立了残采区煤柱的力学模型，求出了煤柱塑性区宽度计算公式并对影响煤柱塑性区宽度的因素进行探讨，研究得出围岩应力和围岩强度共同决定了巷道变形和稳定，结合新华煤矿具体地质条件确定刚性木棚支护是合理的。

（2）宋保胜等在莒山煤矿3号煤层进行了刀柱残煤复采实践，对跨煤柱布置复采工作面的关键技术：工作面巷道掘进，工作面刀柱煤柱预爆破，工作面积水、积气处置，工作面端头和顶板控制技术等进行论述，最后通过工作面矿压实测对刀柱残煤复采技术进行评价，提出了适当增加前排立柱支撑强度，对上层刀柱回采区内瓦斯进行预抽放等建议。

（3）冯国瑞对开采引起煤柱塑性破坏情况进行了探讨，将沿走向煤柱受力简化为平面应力问题，建立了煤壁弹塑性计算力学模型并分析得到煤柱极限平衡区宽度计算公式，得出以下结论：①离煤柱中心轴线越远应力越缓和；②不同应力的影响范围和分布形式不同；③不同煤柱承受载荷不同，分为"弱柱强载"和"强柱弱载"。

3. 残煤复采液压支架选型现状

（1）辽源矿业集团西安煤业有限公司，采用综采放顶煤采煤法对采区的阶段煤柱、区间煤柱等残存资源进行回采，放顶煤工作面液压支架选用 ZF4000/16/28 型。经过实践检验，所选用的液压支架基本能够满足该矿回采残存煤炭资源所需的工作阻力，并且采用放顶煤开采后，能有效降低工人劳动强度，提高资源回收率。

（2）晋城兰花集团莒山煤矿，采用 ZZS3800/1550/2500 型液压支架对刀柱式残采区遗留残煤进行复采，并对复采过程中的支承压力分布、支架工作阻力、顺槽端头及超前支护段的顶底板移近量进行实测，研究结果表明：①残留煤柱对支架工作阻力的影响较大，当工作面进入煤柱时，受支承压力集中的影响，支架工作阻力急剧增加；②工作面超前支承压力峰值位于煤壁前方 5~8 m 处；③支架出现偏载现象，支架前柱压力较后柱大。针对复采工作面通过刀柱式煤柱受应力集中影响较大现象，提出了对残留煤柱和顶板强制预爆破的围岩控制措施。

1.5.2 残煤复采技术研究综述

翟新献等重点研究了小煤矿采煤方法，并详细论述了房柱式采煤法采准巷道布置和采煤工艺。李宏星、康立勋探讨了白家庄煤矿残采区上行开采技术；王明立、张华兴、张刚艳等对层间岩体在采动压力作用下的稳定性进行了评价，并合理确定了刀柱开采区上行开采长壁工作面的开采技术参数。杨本生教授针对康城煤矿资源日益枯竭的现状，采用原有轻型放顶煤设备和综采技术对碎裂顶板复采工作面布置、设备选型、回采工艺等进行了设计。黄贵庭针对刀柱下复采工作面集中应力区域提出了顶板控制措施，主要内容为：在回采过程中，为防止工作面（原上层煤柱区域）出现集中应力区域对复采工作产生不良影响，采取了超前预爆法对上分层煤柱及顶板进行人为破坏卸压；在掘进过程中对煤柱段巷道进行加固。孙维乾探讨了采空区复采煤层残区复采顶板控制，阐述了再生顶板位移脱落机理和复采顶板控制的主要措施。陆刚博士对衰老矿井残煤的可采性进行评价，并对衰老矿井残煤复采的相关问题进行系统研究，为衰老矿井残煤复采提供理论和技术参考，其主要结论包括：提出了衰老矿井的概念并建立了矿井生命周期系统动力学模型以确定矿井衰老的判断指标；根据矿井开采损失分析提出了残煤复采的 3 种基本类型；根据影响残煤复采条件适宜性的因素分析，采用变权理论和综合模糊评价方法，建立了残煤复采条件适宜性变权模糊评价模型；以矿山开采基本理论为指导，在综合分析残煤复采技术问题的基础上，提出了残煤复采关键技术内容，并研究了典型条件下的残煤复采方案设计及技术应用。杨书召研究了旧采时期小煤窑开采特点并提出了残采煤层的采煤方法及小煤窑采煤方法改造的技术措施。邓保平博士在瞬变电磁仪探测的基础上建立了破坏区三维地质模型，利用数值模拟软件分析了工作面通过破坏区时的应力场分布规律及综采工作面通过老空区空巷前调斜的合理角度，并结合新柳煤矿实际地质条件应用力学模型分析的手段，对综采工作面过空巷过程中的矿山压力显现规律进行了研究。张仙保等对长壁复采工作面矿压显现进行了全面观测和分析研究，初步掌握了矿压显现规律，合理进行综采工作面的布置和采取控制技术措施预防冲击矿压，安全顺利地实现了长壁综采回收残留煤炭资源。安兆忠分析了采空区残存大量煤炭资源的类型，开展复采工作的优势、条件和效益。王清源分析了小窑开采的主要特点，提出了小窑破坏区的复采开采方案，包括巷道布置及支护方式、主要设备配套、回采工艺及复采采场顶板控制等，并成功应用于实践生产中，取得了良好的经济效益。

1.5.3　研究内容

上述研究成果对我国残煤复采技术的发展起到了一定的推动作用，初步了解了残煤复采实践中存在的安全隐患及残煤复采技术的主要特点，对残煤复采采煤方法及矿山压力显现规律进行了初步研究，并给出了残煤复采采场围岩控制措施。但现有成果未对残煤复采采场覆岩的破断结构及运动规律进行详细分析，且未提出合理的残煤复采采场围岩控制方案，而且目前所有研究均未详细地研究残煤复采支架与围岩的相互作用关系及支架的稳定性。因此，有必要对残煤复采的围岩控制理论、复采综放工艺参数及残煤可采性评价体系做进一步的研究，主要研究内容包括以下几点。

（1）对厚煤层残采采煤方法的类型及开采损失进行分析，

总结厚煤层残煤赋存现状，并对厚煤层残煤复采的类型进行划分。

（2）建立正确的残煤复采采场上覆岩层破断结构模型，并对结构模型中"关键块"的破断机理、破断位置及失稳机理进行研究，得出残煤复采上覆岩层的破断规律；同时对影响顶板断裂结构的主要因素进行分析，从而找出残煤复采采场围岩控制的关键以确定合理的围岩控制方案。

（3）系统地分析残煤复采综放工作面支承压力的分布规律，以及支承压力分布及转移对顶板断裂结构和围岩控制的影响。

（4）通过分析残煤复采采场支架与围岩的相互作用关系，建立残煤复采支架围岩相互作用力学模型，从而提出残煤复采支架工作阻力的计算公式，为残煤复采液压支架的选型提供理论依据。

（5）通过建立残煤复采液压支架横向及纵向失稳力学模型，分析支架的失稳机理并提出控制失稳的措施。

（6）对残煤复采上覆岩层的移动变形规律进行研究。

（7）多方案对比分析残煤复采综放工作面放煤方式与放煤步距对顶煤放出效果的影响，进而提出最优的复采综放工作面工艺参数。

（8）建立残煤复采经济和技术可采性评价体系，并对不同地质条件下的残煤复采进行技术、经济可行性评价，从而对不同赋存特征的残煤是否具有可采性进行科学判定。

2 残采矿井开采损失现状及
残煤复采类型

山西省素有"乌金之乡"的美称，煤炭资源丰富，含煤面积6.48万 m^2，在全省119个县（市、区）中，有90个县（市、区）地下有煤。山西省煤炭资源品种齐全，煤质优良。在山西省煤炭资源探明储量中，国家标准14个牌号的煤种都有赋存，其中炼焦煤居全国之首，而且山西省沁水煤田的3号煤层是享誉世界的"兰花炭"，其储量稀少。山西省煤炭资源储量丰富、煤质优良，且开采历史悠久，山西省境内残采矿井数量较多，本章以山西省残采矿井为例介绍残采矿井开采损失现状及残煤复采类型。

2.1 山西省残采矿井开采损失现状

研究山西省残采资源的成因是进行残煤复采资源选取的前提。因此，必须弄清残采矿井煤炭资源的赋存特征，弄清哪些残煤资源价值量大及资源再回收可能性大，在条件允许的前提下，实现矿井残采资源的安全复采。

2.1.1 残采矿井分布情况

2.1.1.1 煤炭资源损失的主要原因

山西省煤炭资源的赋存条件较为优越，但是在开发利用的过程中也存在诸多问题，使得煤炭资源的浪费极其严重，主要原因如下。

1. 矿业开采秩序混乱

20 世纪 90 年代以前，煤炭工业装备水平、开采工艺落后，大部分矿井为了实现当前利益最大化，偷采漏采、乱采滥挖等开采现象屡见不鲜。据 1998 年统计，全省私开煤矿 2728 个，按平均年产 1 万 t 煤炭计算，私开矿煤炭年产量为 2728 万 t。其采出率仅为 10% 左右，私开矿每年损失煤炭资源达 2.46 亿 t。全省越层越界煤矿 649 个，每年损失浪费煤炭资源 7788 万 t，造成山西省煤炭资源浪费严重。山西省乡镇煤矿采出率仅为 10% ~ 20%，也就是说，每挖 1 t 煤要消耗 5 ~ 20 t 资源。在美国、澳大利亚等发达国家，资源采出率达到 80% 左右，每挖 1 t 煤只消耗 1.2 ~ 1.3 t 资源。私采乱挖、越层越界不仅造成资源浪费，生态环境破坏，影响矿山的正常生产秩序，而且冲击着煤炭市场，造成山西省煤炭资源严重流失。

2. 煤矿开采采出率低

以全省薄、中厚、厚和特厚 4 种厚度的采区采出率标准（国家规定的）与各煤层开采量加权平均计算，全省采区总平均采出率应该达到 78%，但是在 20 世纪末期，全省 90% 的矿井均未达到这个标准。据测算，由于煤矿开采采出率低而造成各个煤矿的实际寿命普遍比设计寿命缩短 30% ~ 50%，而且山西省优质煤炭劣用现象严重，资源综合利用程度低，这不仅浪费了宝贵的煤炭资源，同时还浪费了煤炭资源的勘探投入和基建投资。过去由于历史原因丢弃和浪费了大量的煤炭资源，煤炭资源回收率不足 30%，目前在现有的技术和装备条件下，完全可以将被遗弃和浪费的资源再回收加以利用，使其发挥应有的价值和作用。以晋城市阳城县为例，3 号煤层采用旧式开采的面积约 197.5 km²，按煤层平均厚度 5.88 m 及旧式回采的采出率约 30% 计，1 km² 尚有被遗弃的资源 5.8 Mt。按复采回收率 60% 计，1 km² 可再回收 3.5 Mt 优质资源，则阳城县复采 3 号煤层共可再回收 692.6 Mt 资源。因此，对旧采区煤炭资源进行复采，可以极大地提高煤炭资源的回收率。

2.1.1.2 残采煤层赋存特征

山西省煤炭开采历史悠久,由于开采工艺落后,资源回收率低,造成山西省煤炭资源极大浪费,尤其是以往的小煤矿井田内上组煤层仍有大量的残留优质资源被丢弃。随着山西省煤炭资源整合工作的逐步深入,这些小煤矿全部被兼并重组整合为大中型煤矿。但在残采区内存在大量空巷、空区及冒顶区,开采难度较大,大部分残采资源被当作采空区进行处置,不进行二次开发利用,这将造成煤炭资源的大量浪费。

为此,以太原理工大学为主,山西晋城无烟煤矿业集团有限责任公司、山东科技大学共同申请了"'十二五'国家科技支撑计划——大型煤炭基地难采资源高回收率开采关键技术集成示范"。课题以实现旧采残留煤炭资源高效开采、提高煤炭资源回收率为目标,建设旧采残煤长壁综采示范工作面,形成残煤区积水及积气采前处置、残煤区巷道稳定性控制、残煤长壁综采采场围岩控制、残煤长壁综采系统优化、残煤长壁综采安全保障等系统的完整理论及关键技术。自课题申请以来,课题组在山西省进行了大量的走访调研,采用以点概面的方法统计山西省残采矿井的分布特征。具体调研情况见表 2-1(表中矿井为具有代表性的残采矿井)。

表 2-1 残采煤层赋存特征一览表

区域	矿井名称	残采煤层	煤质	残煤储量/万 t	延长可采年限/a
晋城市	圣华煤业	3 号	无烟煤	277.3	6.6
	尹家沟煤业	3 号	无烟煤	1090	17.3
	仙泉煤业	3 号	贫煤	831	5.3
	关岭山煤业	3 号	贫煤	522	6.2
临汾市	韩咀煤业	2 号	焦煤	2803	16.7
	许村煤业	2 号	肥煤	940	5.6

表2-1（续）

区域	矿井名称	残采煤层	煤质	残煤储量/万 t	延长可采年限/a
吕梁市	新柳煤业交子里盘区	9 号、11 号	焦煤	947.45	2.3
阳泉市	兴裕煤业	6 号、8 号	无烟煤	1659	13.2
晋中市	灵石煤矿	4 号	焦煤	227.6	4.55
忻州市	望田煤业	8 号	气煤	2100	12.5
大同市	四老沟矿	14^{-2} 号、11 号	气煤	1065	6.3

注：以残采区资源回收率为30%估算残煤储量。

通过分析调研情况，山西省各个市县均存在不同程度的残采情况。山西省残采煤矿的主要特征有两点：①煤质越优的区域残采情况越严重；②赋存深度越浅的煤层残采情况越严重。

1. 从煤质优越性确定残采矿井分布情况

山西省煤质的种类具有明显的区域性，从山西省煤田划分来看（图2-1），由南向北煤质逐渐变差，山西省南部以无烟煤为主，中部以烟煤为主，北部以烟煤和褐煤为主。首先是沁水煤田煤质最佳，其含煤面积30500.1 km²，占全省煤田面积的1/2，总资源量3316.5亿t。该煤田煤质以优质无烟煤和贫煤为主，是中国无烟煤、化工用煤最大的供应基地，其中阳泉矿区是我国最大的优质高炉喷吹煤基地，晋城矿区是我国最大的化工用煤基地。其次是河东煤田，含煤面积15285.5 km²，该煤田北部为动力煤，其中部和南部为炼焦煤。离柳矿区的4号煤层属于世界范围内稀有的优质炼焦煤。最后是霍西煤田，该煤田包括5个矿区，矿区内煤种以焦煤、肥煤、1/3焦煤为主，是原料法优质炼焦煤。而西山煤田、大同煤田和宁武煤田的煤质与其他煤田比较相对较差。

从煤质的优劣程度可以看出，沁水煤田残采情况最严重。以阳泉矿区为例，由于历史性掠夺式开采，阳泉市整装煤田被

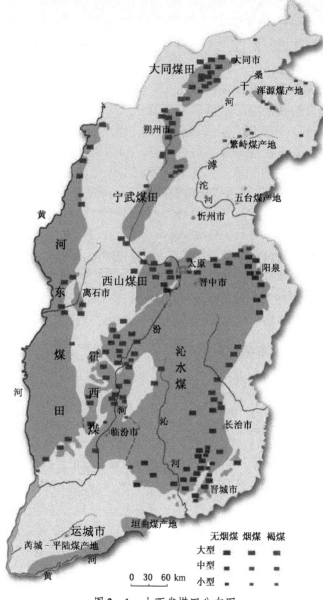

图 2-1 山西省煤田分布图

任意分割肢解。早在20世纪20年代，就实行了大规模开采。日军侵华后又大肆掠夺煤炭资源，实行了开采、运输的规模化经营，对最优质的3号、15号煤层造成了严重破坏，形成了大面积的"古空残区"。

2. 从煤层埋藏深度确定残采矿井分布情况

从煤层赋存情况及煤质特征分析，山西省各个矿区上组煤煤质均优于下组煤，经济价值较高，而上组煤埋藏深度较浅，这就为乱采滥挖创造了良好的条件。经调研，各个矿区煤层赋存越浅，残采越严重。例如，位于河东煤田的许村煤业，由于其井田内的2号、6号煤层埋藏较浅，井田西部2号煤层存在煤层露头的现象。在该井田内分布有近千个废弃井筒，较完整的井筒有388个，其中2号煤层废弃井筒222个，6号煤层废弃井筒106个。从目前掌握的资料分析，井田内2号、6号煤层残采时普遍采用巷柱式采煤方法或者采用以掘代采的开采方式，其资源回收率极低。从钻探资料和部分老工人反映的情况分析，许村煤业煤炭资源回收率仅为10%~20%，资源浪费严重。

2.1.2 残采资源损失分类

2.1.2.1 矿井开采损失

实际全矿井损失主要包括采区开采损失、煤层赋存、地质构造及水文条件复杂形成的损失、矿井永久煤柱及报损储量。

（1）采区开采损失是指全矿井各采区内开采损失之和，包括工作面开采损失、区段煤柱留设损失及采区煤柱损失。

（2）煤层赋存、地质构造及水文条件复杂引起的损失，包括：①煤层赋存厚度小于最小开采厚度而放弃开采形成的资源损失；②井田范围内断层、陷落柱保护煤柱损失及岩浆岩侵入、古河床冲蚀、自然烧变区等影响使局部煤层受到破坏或煤质变差形成的损失；③承压水、老窑水影响区遗留煤柱损失。

（3）全矿性永久煤柱损失，包括设计规定不予回采的工业广场、主副井及回风井保护煤柱的储量损失；开拓巷道、准备巷道保护煤柱损失；建筑物、铁路和水体下的永久性保护煤柱损失；井田边界隔水煤柱损失。

（4）报损储量，在已开拓区域内，符合下列条件之一者，经批准，可按报损处理：①煤层顶板破碎，管理困难；②煤炭灰分、硫分超过国家规定，且无销售对象的煤层；③因自然灾害或其他原因遗留下来的无法再回收的实体煤块段；④极近距离煤层上行开采煤层，采动下层煤，就会破坏其上的煤层以致无法再开采的煤层储量。

2.1.2.2　采区开采损失

根据残煤成因分析可知，采用落后的采煤方法开采是造成采区残煤的主要原因。根据《生产矿井储量管理规程》对于开采损失的分类规定，按损失的形态分为面积损失、厚度损失和落煤损失三类。因此，可以把厚煤层残采矿井开采损失分成如图2-2所示的类别。

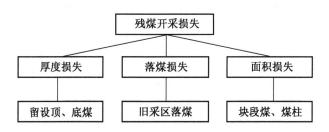

图2-2　厚煤层残采矿井开采损失分类

2.1.2.3　旧采采煤方法开采损失

矿井生产能力是反映矿井整体面貌的重要技术指标。小煤矿现实生产能力的总体情况可以用"参差不齐"来形容。2005年以前小煤矿既有年产规模达到60万t的矿井，又有年产量仅为数千吨的小煤窑，甚至有的矿井只进行季节性生产。

据1999年国土资源部抽样调查，我国煤矿的煤炭采出率差别较大，国有重点煤矿、地方煤矿和乡镇煤矿的煤炭采出率依次为 66.44%、53.30% 和 39.39%，全国平均煤炭采出率为 56.82%。但不同省区乡镇煤矿的煤炭采出率差别较大，具体情况见表 2-2。黑龙江省和湖南省乡镇煤矿的采出率最高，分别为 68.24% 和 70.30%；山东省乡镇煤矿的采出率平均为 59.22%；山西省和内蒙古自治区乡镇矿井的采出率最低，分别为 34.74% 和 17.66%。据统计，1998 年全国乡镇小煤矿有 7.8 万处，其中，个体煤矿达 2.2 万处，乡镇小煤矿无证矿井 1.65 万余处，煤矿年总产量 1 亿 t 左右。这些个体煤矿和无证小煤矿大部分使用炮采或手镐落煤、人工攉煤、人力推车，有些煤矿采用毛驴、骡子下井拉煤等落后的开采方式，采煤方式主要采用无支护的穿洞式、高落式和巷道出煤等非正规采煤方法，煤炭采出率极低，资源采出率不到 20%。这些煤矿资源采出率不在表 2-2 的统计范围内。

表 2-2　不同省份的煤炭采出率　　　　　　　%

省、自治区	采区采出率				矿井采出率			
	国有重点煤矿	地方煤矿	乡镇煤矿	平均值	国有重点煤矿	地方煤矿	乡镇煤矿	平均值
山西	72.87	63.41	44.56	61.85	64.72	51.31	34.73	52.37
山东	87.78	75.45	75.22	84.03	71.48	56.61	59.22	67.16
黑龙江	83.45	80.35	76.18	81.38	65.93	69.66	68.24	67.16
内蒙古	73.70	46.19	32.27	59.06	63.03	21.19	17.66	44.85
湖南	88.03	82.24	78.70	81.37	82.34	75.55	70.30	73.90
河北	80.03				63.31			

据 2003 年 5 月统计，全国乡镇煤矿共 25563 处，通过各省政府验收合格的矿井 23440 处，生产能力在 3 万 t/a 以上的占 42.5%；(3~6) 万 t/a 的占 34.5%；(6~9) 万 t/a 的占 15.4%；9 万 t/a 以上的只占 7.5%。经过政府大力整顿，关停了大量小

煤矿，到2004年，山西省共有各类有证煤矿3828处，其中乡镇煤矿3395处，这些煤矿规模小、生产力水平低、资源浪费严重。主要原因是这些小煤矿开拓布局不合理，且采用落后的采煤方法开采后，残采煤层中遗留了大量的煤柱和实体煤块段，资源浪费严重。而对于厚煤层资源损失更为严重，由于在成煤时期厚煤层大多存在分层，而各个分层之间的煤质也存在一定差异，许多小煤矿只开采了厚煤层中较为优质的分层，在残采煤层中遗留了大量顶煤或底煤，在煤层中遗留了大量煤柱甚至是实体煤块段。据统计，部分残采煤层受乱采滥挖的影响，其煤炭资源的回收率不足10%，而许多正规开采的残采矿井，其煤炭资源的回收率也不足30%。

根据对矿井开采损失及旧采采煤方法的分析，残采资源损失主要为厚度损失（包括残采时遗留的顶煤或底煤）和面积损失（包括残采时遗留的煤柱和块段煤）。

2.2　厚煤层残采采煤方法及煤柱残存现状

2.2.1　厚煤层残采采煤方法

2.2.1.1　残采采煤方法的类型

由于地质条件和生产技术条件不同，残采出现了多种类型的采煤方法，归纳起来，基本上可分为壁式采煤法和柱式采煤法两大体系。

1. 壁式采煤法

由于壁式采煤法煤炭采出率高，通风、运输系统简单，安全系数高等优点而被我国广泛应用。壁式采煤法采下来的煤沿平行于工作面方向运出工作面。当工作面长度大于50 m时，壁式采煤法称为长壁采煤法；当工作面长度小于50 m时，壁式采煤法称为短壁采煤法。对于完整煤层的井田，残采矿井通常采用短壁采煤法，受生产技术条件和管理水平的限制，采煤工作面长度通常为 30 ~ 50 m。

2. 柱式采煤法

柱式采煤法包括房式采煤法、房柱式采煤法和巷柱式采煤法 3 种类型。

房式及房柱式采煤法的实质是：在煤层内先掘一系列宽度为 5 ~ 7 m 的煤房，煤房之间用联络巷相连，形成近似矩形的煤柱，煤柱宽度从几米至十几米不等，利用煤柱来支撑顶板压力。回采是在煤房内进行的，煤柱可根据具体条件留下不采，或在煤房采完后，再将煤柱尽可能采出，前者称为房式采煤法，后者称为房柱式采煤法。

巷柱式采煤法的实质是：在开采范围内，首先开掘大量沿煤层走向及倾向的巷道，将煤层切割成较大的方形或矩形煤柱（6 m×6 m ~ 25 m×25 m），然后有计划地回采这些煤柱。采空区内顶板自由垮落，不作处理。

柱式采煤法有以下主要特点：采煤工作面长度较短，但数目多，可以有 3 ~ 5 个采煤工作面同时回采。开采时采场不予支护或采用木点柱支护，煤层采出后形成的采空区不予处理，煤炭的运输方向与工作面垂直，各煤房之间的通风采用"串联通风"。

3. 壁式采煤法和柱式采煤法的比较

壁式采煤法具有煤炭损失少、回采工作连续性强、采煤系统安全简单、通风条件良好等优点而被国有矿井普遍推广应用。由于小煤矿受资金、技术条件和管理水平的限制，采煤工作面长度短，采掘支护设备简单，所以，柱式采煤法在小煤矿得到了广泛应用。但柱式采煤法存在采出率低、工作面通风条件差、掘进与回收煤柱时多头串联通风现象，存在安全事故隐患。

2.2.1.2　厚煤层残采采煤方法的类型

从资源回收情况看，厚煤层残采矿井开采完整块段煤层的资源采出率低，资源损失、浪费十分严重，这是由这类矿井在完整块段煤层中，采用非正规采煤方法决定的。下面通过尹家沟煤业和圣华煤业残采煤层开采情况分析厚煤层残采采煤方法。尹家沟煤业残采煤层开采情况如图 2-3 所示，圣华煤业残采煤层开采情况如图 2-4 所示。

1. 巷柱式采煤法

巷柱式采煤法是在开采煤层内沿着煤层底板、顶板或煤层中部开掘大量沿走向及倾向的巷道，具体位置由厚煤层分层后各分层煤质优劣而定。这些巷道将厚煤层中煤质最佳的分层切割成较大的方形或矩形煤柱（6 m×6 m~25 m×25 m），如图2-3 和图 2-4 中 A 区域所示，然后有计划地回采这些煤柱，采空区顶板不予处理。巷柱式采煤法如图 2-5 所示（图中仅表示出巷道沿煤层底板掘进的情况）。

2. 巷放式采煤法

巷放式采煤法是在开采煤层内沿着煤层底板开掘大量沿走向及倾向的平行巷道，然后进行后退式爆破放顶回采煤炭资源的一种旧式厚煤层采煤法。这些平行巷道宽度一般为 3~4 m，高度为 2~3 m。平行巷道之间煤柱的宽度根据煤层赋存情况而定，一般为 5~10 m，巷道布置如图 2-3 和图 2-4 中 B 区域所示。待巷道掘完后，采用后退式每间隔 2~3 m 打眼爆破顶煤，再通过人力或畜力回收落煤。由于巷道采用点柱支护，落煤的回收视顶板情况而定。采用该采煤法开采厚煤层后，在开采区域内残留大量煤柱及巷高较高的空巷。巷放式采煤法如图 2-6 所示。

3. 残柱式采煤法（以掘代采）

残柱式采煤法是指沿着煤层的底板、顶板或煤层中部开掘主要运输平巷，具体位置由厚煤层分层后各分层煤质优劣而定（选择最优分层）。再在已经控制的煤层中，开掘许多纵横交错的巷道，把煤层分割成许多方形或长方形煤柱。然后从边界往后退，采用以掘代采的方式顺次回采各个煤柱。这样仅回收巷

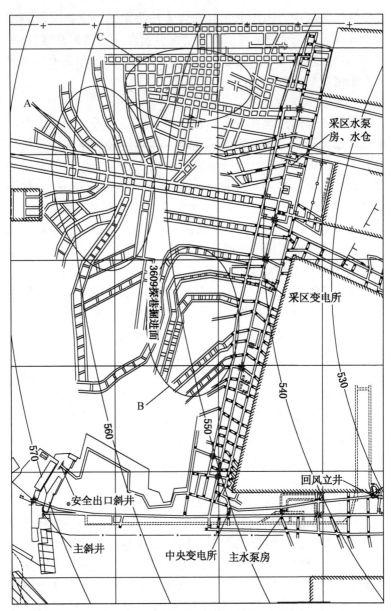

图 2-3 尹家沟煤业残采煤层开采情况

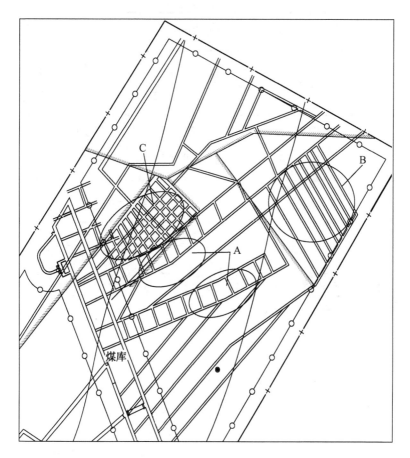

图2-4 圣华煤业残采煤层开采情况

道的掘进出煤，遗留的小煤柱支撑采空区顶板，开采情况如图2-3和图2-4中C区域所示。

巷柱式、巷放式、残柱式等旧采采煤法开采的主要问题是资源回收率低。采用旧采采煤方法开采后，整装实体煤资源的完整性被破坏，从而极大地增加了残煤复采的难度。

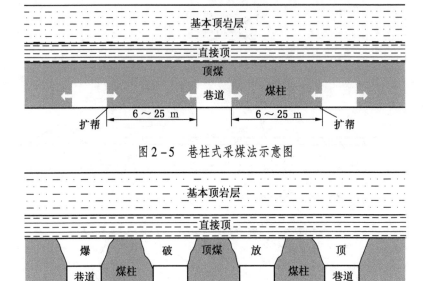

图 2-5 巷柱式采煤法示意图

图 2-6 巷放式采煤法示意图

2.2.2 厚煤层煤柱残存现状

矿井资源开采损失主要为厚度损失和面积损失。通过对厚煤层残采采煤方法的分析,厚煤层残采煤炭资源既包括厚度损失也包括面积损失,其中采用巷柱式采煤方法开采的煤层既存在厚度损失也存在面积损失。由于巷柱式采煤法开采厚煤层时,主要开采厚煤层煤质最优的分层,最优分层之外的顶分层或底分层被弃采,这就形成了厚度损失,而采用扩帮、掏帮和割三角煤后形成的煤柱被弃采,形成了面积损失。巷放式采煤法开采厚煤层主要存在面积损失,巷放式开采时先沿煤层底板掘进平行巷道,然后采用顶板爆破放顶回收巷道顶煤,这样在这些平行巷道之间留设的大量煤柱被弃采,从而形成面积损失。残柱式开采同巷柱式开采相同，在开采煤层内既存在厚度损失也存在面积损失，采用以掘代采开采后大量顶分层或底分层被弃采形成厚度损失，各巷道之间留设的小煤柱被弃采形成面积损失。分析厚煤层煤柱残存现状主要根据资源开采损失类型及所采用的采煤方法来确定。

1. 巷柱式采煤法开采后煤柱残存现状

巷柱式开采时，由各巷道切割形成的煤柱回收方式主要采用掏帮、扩帮和割三角煤后退式开采方式。由于巷道采用简易的木点柱支护或无支护，因此掏帮、扩帮和割三角煤的范围视煤层顶板性质而定，能扩多大就扩多大。煤柱宽度及煤层强度决定了巷柱式开采后形成的空巷宽度大小。当煤柱宽度较小且煤层强度较小时，由于巷道围岩不稳定而放弃回收煤柱，此时残采区内遗留的巷道宽度为 3~4 m；当煤柱宽度较大且煤层强度较大时，由于巷道围岩稳定扩帮后形成的空巷宽度最大可达 12~15 m。巷柱式采煤法开采后残存煤柱如图 2-7、图 2-8 和图 2-9 所示。分析可知，采用巷柱式采煤法开采后，残采区内

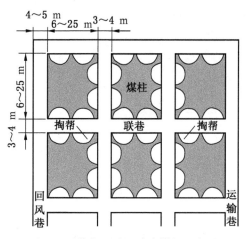

图 2-7 掏帮开采后残存煤柱示意图

形成了大量的不规则煤柱及空巷或空区，经长时间放置，部分煤柱失稳，部分空巷或空巷顶板冒落，从而形成了极其复杂的残煤赋存形态。

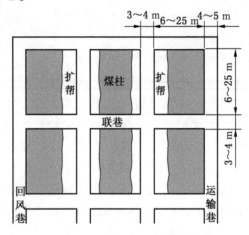

图 2-8 扩帮开采后残存煤柱示意图

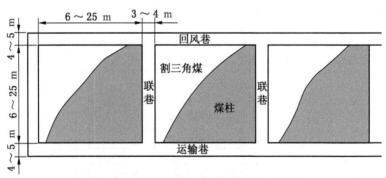

图 2-9 割三角煤开采后残存煤柱示意图

2. 巷放式采煤法开采后煤柱残存现状

巷放式采煤法是厚煤层残采时能够一次采全厚的开采方法。由该采煤方法开采的特点可知，在残采区内形成条状的、与煤层厚度等高的煤柱。残采时受爆破放顶的影响，煤柱及直接顶受采动影响在回采时未垮落，回收的顶煤或直接顶经长时间放置，受矿山压力的作用必然会发生局部垮落，从而引起基本顶破断或下沉。巷放式采煤法开采后残采区内会形成煤柱——冒顶区交替出现的情况，巷放式采煤法开采后残存煤柱如图 2-10 所示。

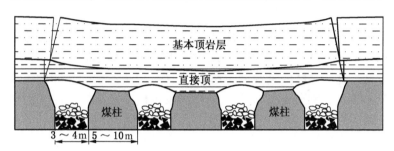

图 2-10　巷放式采煤法开采后残存煤柱示意图

3. 残柱式采煤法开采后煤柱残存现状

依据残柱式采煤法开采的特点，残采时所形成的巷道宽度较小，一般为 3~4 m，这些巷道经长时间放置可能发生小范围的冒顶或片帮，但整体上直接顶和基本顶的稳定性较好，不会发生大面积顶板断裂或下沉。残柱式采煤法开采后残存煤柱如图 2-11 所示。

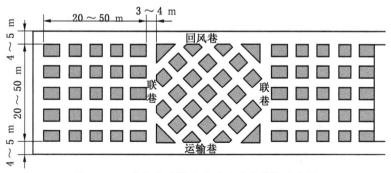

图 2-11　残柱式采煤法开采后残存煤柱示意图

2.2.3 残采矿井可复采残煤分析

根据矿井生产过程中对开采损失的分析，以及残采采煤方法分类研究结果，针对可能具有复采价值的残煤可以得出如下结论：

（1）采用残采采煤方法开采破坏的煤炭资源为复采首选资源。采用巷柱式、巷放式、残柱式等残采采煤方法，资源采出率低，在残采区内资源采出率不足30%。从残采区丢弃的资源量来看，这部分资源量大，具有复采价值。由于初次开采破坏了煤炭资源的完整性，在采空区内形成大量的空巷及煤柱，使得残煤资源赋存变得复杂，复采难度加大。

（2）厚煤层开采区域复采潜力大。根据对厚煤层开采损失的分析，厚煤层残采开采损失明显大于中厚煤层及薄煤层残采开采损失。旧式开采时采用巷柱式或残柱式开采形成了大量的厚度损失，同时受旧采采煤工艺的影响，残采区内同时存在大量的面积损失。这些遗留在残采区的煤炭资源厚度相对较大，煤质较好，甚至有厚度可观的纯煤带。因此，厚煤层的开采区域复采潜力较大。

（3）部分残采遗留煤柱和残采时形成大量的块段煤或边角煤资源也是复采的首选资源。残采区煤柱按其作用分成护巷煤柱和隔离煤柱两类。护巷煤柱为支护巷道而留设，隔离煤柱为隔离采空区而留设。当煤柱的护巷和隔离使命完成后，煤柱赋存完整性较好，对其进行回收。遗弃在采空区的边角煤资源呈块段分布，煤层完整，可结合采空区残煤复采进行回收。

2.3 厚煤层残煤复采类型划分

2.3.1 复采再生顶板分类

复采再生顶板是经过采动破坏冒落过的岩层，由于老空区水、覆岩压力等条件的差异，有些区域在合适的水及压力等条件下，岩层可胶结形成再生顶板，有些不具备再生顶板的条件，呈现松散结构。因此，由残采区顶板是否胶结，可把复采再生顶板分成胶结顶板和散体顶板。

1. 胶结顶板

残采区冒落岩层在合适的水、黏结性胶结物质的作用下，经过长期的上覆岩层压力可形成胶结顶板。

（1）胶结顶板再生机理。顶板再生机理和沉积物成岩过程相似，要经过一定的地质作用才能形成，其中主要的地质作用有两个：①压紧作用。岩石冒落以后在压力（自重、矿山压力）的作用下，松散的岩块逐渐压紧压实，空隙减小，密度增大，并失去大量水分，成为密实的整体。②胶结作用。由煤的成因可知，煤层顶板是沉积岩层，里面含有胶结物，如二氧化硅、黏土质、碳酸钙、氧化铁等。顶板冒落形成块体，经压碎、风化成较小颗粒后，胶结物经过物理和化学变化又会将分散的颗粒结合在一起，重新形成板结的块体。

影响顶板再生的因素有顶板岩性、含水率、采深及压实时间等参数，具体表现为：一般含有泥质或胶结物较高的岩石破碎后易形成再生顶板；破碎岩石的含水率达到 7% 时胶结程度最佳；覆岩压力越大越易形成胶结顶板；压实时间越长，破碎岩石的胶结程度越大。在满足上述 4 个条件下，残采区破碎岩体较易形成胶结再生顶板。

（2）胶结顶板特征。①工作面上覆岩层受采动破坏形成了散体结构、碎裂结构、块体结构。经过压紧作用和胶结作用，形成胶结再生顶板的岩体主要为散体及部分碎裂结构。②由于散体结构岩体发育于垮落带，岩体结构形态及大小不一、岩体中节理及劈理等结构面组数多且密度大，散体结构带以碎屑、碎块、岩粉及夹泥为主，依靠散体结构面之间的微弱结合力，形成整体呈板状岩体特征的胶结再生顶板。③顶板呈层状分布，垮落带下部的散体结构形成散体胶结岩体，垮落带上部的碎裂结构形成部分碎裂胶结结构，向上依次为块裂层状结构及完整层状结构。

2. 散体顶板

残采区冒落岩石为硬砂岩或石灰岩等，岩石之间呈松散支撑，冒落岩石相互之间无凝聚力，胶结性差，或残采区不具备再生顶板环境条件，因此，破碎顶板呈散体状。散体状顶板有如下特征：①煤层顶板冒落岩石为凝聚力差的硬砂岩或石灰岩等，或没有合适的水、压力等顶板再生条件，岩体基本保持初次破坏形态；②冒落在老采空区的岩体，在垮落带内岩体呈碎块体、颗粒状，游离岩块易滑动、滚动，呈现散体结构特征；③顶板呈层状分布，从下至上的岩体结构分为散体结构、碎裂结构、块体结构、完整层状结构。

2.3.2 厚煤层残煤复采类型

由于残采区煤柱、空巷、空区、冒顶区及边角煤的存在，造成残煤复采综放工作面应力集中显著、煤壁片帮或端面冒漏难以控制，使复采条件变得复杂、困难，又由于复采残煤赋存条件恶劣，同时受多种安全隐患的影响，而且多数残煤复采工作面要跨煤柱、空巷、空区、冒顶区开采。因此，残煤复采综放工作面跨越空区、空巷、冒顶区及煤柱是残煤复采研究的重点和难点。

通常情况下，空区及冒顶区的成因分为两类：一类是残采采煤方法采用巷柱式开采时，煤柱采用掘帮、扩帮回采后形成的开采空间较大，一部分开采区受矿山压力的作用顶煤或顶板发生垮落形成冒顶区，未垮落的开采区形成宽度较大的空区；二类是残采采煤方法采用巷放式开采时，由于采用爆破放顶破坏了巷道围岩的稳定性，易造成煤柱片帮及直接顶垮落从而引起基本顶整体下沉。空巷主要是采用残柱式采煤法开采形成的空巷及采用巷柱式或巷放式采煤法开采时未回收煤柱形成的空巷。不论是采用巷柱式采煤法、巷放式采煤法还是采用残柱式采煤法，在残采区内均会形成大量形状各异、走向各异及宽度不同的煤柱。同时残采时期矿井整体开采部署不合理造成残采区内残留大量三角煤或实体煤块段。

因此，根据残采区内煤柱、空区、空巷、冒顶区及实体煤块段的成因及赋存特征，按照残煤复采综放工作面内煤柱存在的形式，把残煤复采归纳为 4 种基本类型。

1. 纵跨煤柱型复采

纵跨煤柱型复采是指残煤复采综放工作面开采区域内残采遗留煤柱走向与工作面走向平行分布。例如，采用巷柱式、巷放式开采后形成的带状分布煤柱或残采回风巷及运输巷之间留设的区段煤柱等，如图 2-12 所示。纵跨煤柱型复采残煤对象主要为残采形成的面积损失和厚度损失的煤炭资源。根据煤柱成因及残采采煤方法不同，煤柱两侧存在 3 种形式：①空区型；②冒顶区型；③空巷型。由此纵跨煤柱型复采也可划分为纵跨煤柱空巷型复采、纵跨煤柱空区型复采和纵跨煤柱冒顶区型复采。

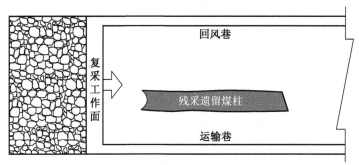

图 2-12 纵跨煤柱型复采示意图

2. 横跨煤柱型复采

横跨煤柱型复采是指残煤复采综放工作面开采区域内残采

遗留煤柱走向与工作面走向垂直分布。例如，采用巷柱式、巷放式开采后形成带状分布的用于支承顶板的煤柱或残采回风巷及运输巷之间留设的区段煤柱，如图 2－13 所示。横跨煤柱型复采残煤对象主要为残采形成的面积损失和厚度损失的煤炭资源。与纵跨煤柱型复采相同，根据煤柱成因及残采采煤方法不同，煤柱两侧存在 3 种形式：①空区型；②冒顶区型；③空巷型。由此横跨煤柱型复采也可划分为横跨煤柱空巷型复采、横跨煤柱空区型复采和横跨煤柱冒顶区型复采。由于横跨煤柱型复采时残存煤柱、空区、空巷及冒顶区对顶板断裂结构影响较大，因此，作者重点研究横跨煤柱型复采的围岩控制技术。

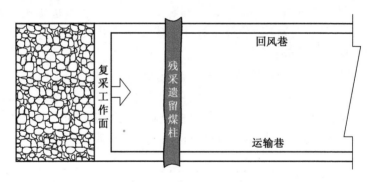

图 2－13　横跨煤柱型复采示意图

3. 斜跨煤柱型复采

斜跨煤柱型复采是指残煤复采综放工作面开采区域内残采遗留煤柱走向与工作面走向垂直斜交。例如，采用巷柱式、巷放式开采后形成带状分布的用于支承顶板的煤柱或残采回风巷及运输巷之间留设的区段煤柱，如图 2－14 所示。横跨煤柱型复采残煤对象主要为残采形成的面积损失和厚度损失的煤炭资源。与横跨煤柱型复采相同，根据煤柱成因及残采采煤方法不同，煤柱两侧存在 3 种形式：①空区型；②冒顶区型；③空巷型。由此斜跨煤柱型复采也可划分为斜跨煤柱空巷型复采、斜

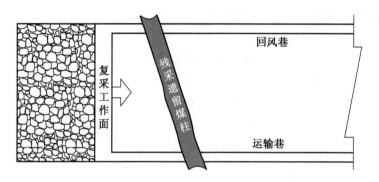

图 2-14　斜跨煤柱型复采示意图

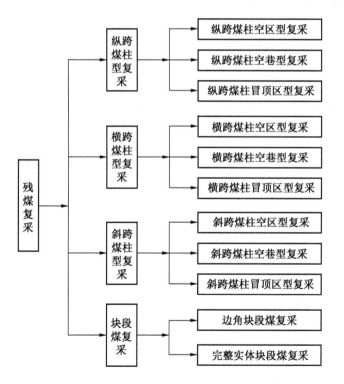

图 2-15　残煤复采类型划分

跨煤柱空区型复采和斜跨煤柱冒顶区型复采。

4. 块段煤复采

块段煤复采是指残采时期矿井整体开采部署不合理造成残采区内残留的大量三角煤或实体煤在块段内进行复采。块段煤属于面积损失，是残煤复采首选的开采类型。

根据残采区厚度损失与面积损失的分布关系，把残煤复采分为纵跨煤柱型复采、横跨煤柱型复采、斜跨煤柱型复采和块段煤复采 4 种基本类型。由于残煤分布不规则，残煤实际空间分布关系很复杂，实际复采工作面一般不是单一形式，多是 4 种基本类型中的几种同时存在。按照残煤复采的 4 种基本类型，依据煤柱成因不同又可将残煤复采的基本类型进行再划分，具体划分如图 2 – 15 所示。

2.4　本章小结

本章通过分析山西省煤炭资源赋存特征及资源开发利用中存在的问题，总结了残采矿井开采损失现状及残采矿井分布特征；根据厚煤层残采采煤方法的开采特点，总结了厚煤层残采区煤柱残存现状，并对厚煤层残煤复采类型进行了划分，结论如下：

（1）我国矿井采出率的统计数据充分说明了矿井采出率低、开采损失严重的问题。国有重点煤矿采出率普遍约为 50%，小煤矿采出率更低，大部分采用旧采采煤法开采的小煤矿煤炭采出率不足 30%。根据矿井开采损失及采区开采损失的分类，厚煤层残采后既包括厚度损失（残采时留的顶煤或底煤），也包括面积损失（残采遗留煤柱和块段煤）。

（2）通过分析调研可知，山西省各个市县均存在不同程度的残采情况。山西省残采矿井的主要特征有两点：①煤质越优的区域残采情况越严重；②赋存深度越浅的煤层残采情况越严重。

（3）厚煤层残采大部分使用炮采或手镐落煤、人工攉煤、人力推车，有些煤矿采用毛驴、骡子下井拉煤等畜力运输方式。这些矿井采用的旧采采煤方法主要包括巷柱式采煤方法、巷放式采煤方法和残柱式（以掘代采）采煤方法。

（4）残采区存在大量的煤柱、空巷、空区、冒顶区及边角煤，造成残煤复采综放工作面应力集中显著、煤壁片帮或端面冒漏难以控制，使复采条件变得复杂，根据残采区域内煤柱、空区、空巷、冒顶区及实体煤块段的成因及赋存特征，按照残煤复采综放工作面内煤柱的存在形式，把残煤复采总结为纵跨煤柱型复采、横跨煤柱型复采、斜跨煤柱型复采和块段煤复采4种基本类型。

3 残煤复采采场上覆岩层
结构及运移规律

3.1 采场覆岩结构及运动规律研究现状及重要性

3.1.1 采场覆岩结构及运动规律研究历史及现状

为了能够合理地解释矿山压力现象，早在 20 世纪初，国外学者就提出了不同的矿山压力假说。例如，德国人哈克（W. Hack）和吉里策尔（G. Gillitzer）提出了压力拱假说，施托克（K. Stoke）提出了悬臂梁假说。20 世纪 50 年代，随着煤炭工业技术及装备的发展，人们在不断总结实测结果的基础上，对采场上覆岩层运动时的结构形式有了新的认识。根据长壁工作面上覆岩层的破坏结构，苏联库兹涅佐夫提出了铰接岩块假说，同一时期，根据破断岩块的相互作用关系，比利时学者 A. 拉巴斯提出了预成裂隙假说。

20 世纪 70 年代末，钱鸣高院士提出了基本顶断裂后将形成"砌体梁"平衡。当基本顶的悬顶长度达到其极限跨距后，随着回采工作面继续推进，基本顶发生初次断裂。由于破断岩块互相挤压形成水平力，从而在岩块间产生摩擦力。工作面的上、下两区是圆弧形破坏，岩块间的咬合是一个立体咬合关系，而对于工作面中部，则可能形成外表似梁，实质是拱的裂隙体梁的平衡关系。这种结构称为"砌体梁"。岩体结构的"砌体梁"力学模型对采空区覆岩破坏带进行了划分。对于残煤复采而言，其不同之处在于煤层赋存较复杂，但并不影响长壁工作面采场上覆岩层破坏带的划分，即不论是实体煤长壁开采还是残煤复采长壁开采，从结构上划分，可以把采场上覆岩层沿回采工作面推进方向划分为煤壁支承区、离层区、重新压实区；沿垂直方向由开采水平到地表划分为垮落带、裂缝带和弯曲下沉带，如图 3-1 所示。

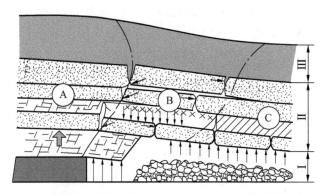

I—垮落带；II—裂缝带；III—弯曲下沉带；
Ⓐ—煤壁支承区；Ⓑ—离层区；Ⓒ—重新压实区
图 3-1 采场上覆岩层的"砌体梁"结构模型

20 世纪 90 年代，钱鸣高院士提出了"关键层"理论。该理论认为，采场基本顶由多层厚度不等、强度不同的岩层组成，而其中的一层或几层坚硬岩层对整个采场上覆岩层的运动起控制作用。很显然，采场上覆岩层中的关键层理论把采场矿压、岩层移动、地表沉陷等方面的研究在力学机制上有机地统一为一个整体，为岩层控制理论的进一步研究奠定了基础。

宋振骐院士在大量现场实测的基础上，提出了"传递岩梁"理论。如图 3-2 所示，在采场上覆岩层中，将每一组能始终保持"假塑性状态（即铰接状态)"，同时运动或近乎同时运动的一层或多层岩层组成的整体称为"传递岩梁"。该理论揭示了岩层运动与采动支承压力的关系，明确提出了内外应力场的观点，并以此为基础，提出了系统的采场来压预报理论和技术。该理论认为基本顶岩梁对支架的作用力取决于支架对岩梁运动的抵抗程度，可能存在"给定变形"和"限定变形"两种工作方式，并给出了在"限定变形"工作状态下支架围岩关系的表达式，即位态方程。采场周围支承压力分布的内、外应力场理论也是该假说的重要组成部分，即认为以基本顶岩梁断裂线为界分为内、外两个应力场。此观点对确定巷道的合理位置及采场顶板控制方式起到了积极作用。

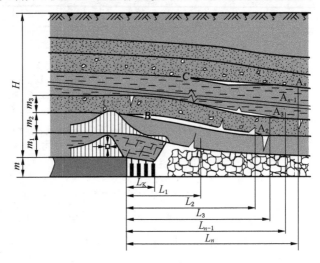

图 3-2 传递岩梁模型

1982 年，太原理工大学贾喜荣教授开始把弹性薄板理论应用于采场稳定岩层控制分析中，根据顶板岩层在不同时期的运动特征，建立了"弹性板与铰接板结构"力学模型，并成功地应用于采煤工作面顶板来压步距和来压强度的计算预测中，同时编制了 RST 采场矿压计算专用软件。

3.1.2 采场覆岩结构及运动规律研究重要性

地下采矿工程活动破坏了原岩初始应力状态，在工程围岩中引起应力重新分布，重新分布后的应力可能升高，也可能降低。如果升高后的应力达到岩体的破坏极限，则引起围岩的变形、破坏。因此，采矿工程中控制、减轻、转移这种破坏是保持工程结构稳定及维持正常生产的关键。就长壁开采而言，开采活动在采场周围形成了"支承压力"，煤壁前方的支承压力将使煤壁形成一定深度塑性区，这是引起煤壁片帮的主因。采场两侧的支承压力则影响煤柱的稳定性，是确定煤柱尺寸、巷道支护方式的主要依据。长壁开采的另一特点是允许或人为地使采空区顶板垮落，工作面支架设计应与顶板垮落过程中产生的力学效应相适应，在保证安全的条件下可降低工作面支架的制造成本，简化生产工艺。可见，开采中顶板垮落特征及由此引起的力学特征是采场围岩控制的基础。

残煤复采综放开采与普通综放开采的主要区别是：煤层赋存结构复杂，残煤复采煤层中存在大量的空巷、空区及冒顶区，这些旧采遗留巷道的存在使得复采工作面小结构（垮落带）范围内顶板破断特征与实体煤开采明显不同，基本顶断裂线向工作面前方移动；矿压显现剧烈，周期来压不规律，受旧采遗留巷道的影响，围岩应力分布特征与实体煤开采不同，应力集中明显，工作面与前方空巷之间的煤柱易失稳造成顶板突然断裂形成冲击压力；液压支架受力不均匀，由于周期来压不规律，基本顶断裂线向工作面前方移动，支架需承受顶板突然断裂形成的冲击载荷。但是从大结构而言，残煤复采综放工作面上覆岩层结构仍然与实体煤开采相似。本章以圣华煤业 3 号煤层的地质条件为基础，采用理论分析和相似模拟等方法，对残煤复采采场上覆岩层结构及运移规律进行研究。

3.2 采场顶板破断结构及运动特征模拟研究

为了研究残煤复采采场覆岩结构及矿山压力显现规律，指导现场采场围岩控制及生产实践。本次研究采用三维立体相似模拟和平面应变相似模拟相结合的方式对残煤复采采场覆岩破断结构和运移规律进行研究。

残煤复采综放工作面模拟研究以晋煤集团泽州天安圣华煤业 3 号煤层一采区 3101 复采工作面为地质原型。3 号煤层平均厚度为 6.65 m，一般含 1~2 层夹矸，夹矸总厚一般小于 0.5 m，煤层结构简单，煤质为无烟煤。通过对圣华煤业 3 号煤层顶板现场取样并进行岩石力学实验，获取圣华煤业 3 号煤层及其上覆岩层岩性、分层厚度及各岩层物理力学参数，如图 3-3 所示，为 3 号煤层残煤复采研究提供基础数据。

3.2.1 模拟实验方法及方案

从旧式开采到复采，上覆岩层要经历多个工序的影响，包括旧式开采的影响、复采巷道掘进及复采工作面采动的影响。每个阶段都可能引起覆岩变形及破断，致使残煤复采采场围岩约束条件及载荷条件发生复杂变化。三维相似模拟实验是以相似理论、因次分析作为依据的实验室研究方法，能够准确地判断采场支架的受力特征及围岩应力分布规律，但是受观测手段的限制，三维相似模拟实验不能够直观地观测到残煤复采采场内部顶板断裂及运移特征。为了能够全面地分析复采采场顶板断裂情况，作者采用与三维相似模拟相同的地质原型、相同的顶底板岩石力学参数、相同的材料配比、相同的实验条件、相同的测试系统及实验设备，利用平面应变柔性加载实验装置进一步研究残煤复采采场顶板的断裂特征。

3.2.1.1 模型参数

三维实验设备采用太原理工大学研制的三维相似模拟实验台，实验台模型尺寸为 3000 mm×2000 mm×2000 mm。加载系统由 6 个 150 t 的油缸及 40 mm 厚的钢板及加强筋组成的加载板组成，总加载力可达到 900 t。垂向地应力由该加载系统施加，水平地应力靠约束施加，没有配备单独的侧向加载系统，如图

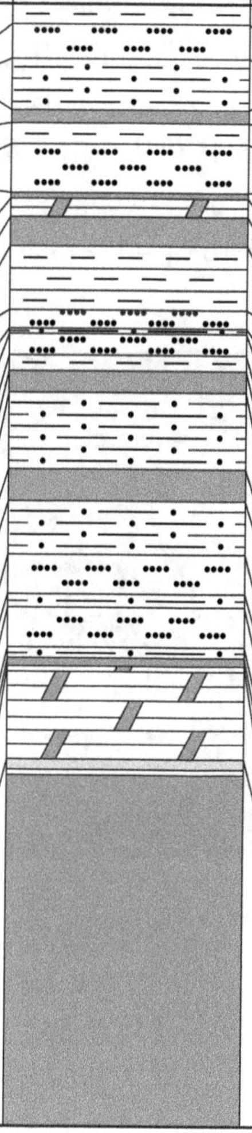

厚度/m	累计/m	柱状图 1:1000	岩 性 描 述
0.38	21.06		泥岩
0.65	20.68		砂岩, 致密, 坚硬, 含有机质
0.97	20.03		砂质泥岩, 含白云母, 含有机质
0.25	19.06		煤线
0.40	18.81		黑色泥岩, 含炭屑, 含有机质
0.91	18.41		砂岩
0.10	17.50		煤线
0.35	17.40		炭质泥岩, 含有机质, 黑色
0.55	17.05		煤线
1.20	16.50		炭质泥岩, 黑色
0.35	15.30		砂岩, 含有机质
0.10	14.95		黑色泥岩
0.40	14.85		砂岩, 含有机质
0.30	14.45		黑色泥岩
0.40	14.15		煤线
1.45	13.75		黑色泥岩, 含炭屑, 含有机质
0.60	12.30		煤线
1.00	11.75		黑色泥岩, 由上到下炭质增多, 含有机质
0.75	10.75		粉砂岩, 性脆, 含泥质, 分选差
0.25	10.00		砂质泥岩, 含有机质, 黑色
0.75	9.75		粉砂岩, 含白云母, 含有机质
0.20	9.00		砂质泥岩, 含植物化石
0.15	8.80		煤线
1.75	8.65		炭质泥岩, 含有机质, 黑色
0.20	6.90		煤
0.10	6.70		炭质泥岩(夹矸), 由下到上炭质增多, 黑色
6.60	6.60		镜煤, 较硬, 以亮煤为主, 间夹暗煤, 半亮型次生裂隙发育

图 3-3 顶板岩性柱状图

3-4 所示。模拟开采深度为 250 m, 煤层厚度为 6.5 m, 采放比为 1.0:1.32, 模型的几何相似比 $C_L = 1:30$, 因而模拟残煤复采综放工作面长度为 60 m，推进长度为 90 m，模型实际装设岩层高度为 50.4 m，其中底板 16.8 m，煤层 6.5 m，直接顶 4.66 m，基本顶 16.1 m，其上砂岩、泥岩互层共 30 m。用轴向加载系统施加均布载荷的方式达到原型深度的要求，计算顶部加载板需加载 0.09971 MPa 的均布载荷。根据相似理论计算得出模型的容重相似比 $C_\gamma = 1:1.76$（岩石）、$C_\gamma = 1:1$（煤）；应力与弹性模量相似比 $C_{\sigma,E} = 1:52.8$；载荷相似比 $C_F = 1:47520$；时间相似比 $C_t = 1:5.477$。

图 3-4 三维相似模拟实验台

平面应变柔性加载实验装置尺寸为 3000 mm × 3000 mm × 200 mm，其四周用槽钢和有机玻璃板进行约束，顶部用皮囊充气柔性加载系统来补偿上覆岩层重力载荷的损失，通过装置前面装设的有机玻璃板可进行各岩层运移及破断特征的监测。为了能够有效地补充三维相似模拟的不足，该实验的所有参数均与三维相似模拟实验相同。但由于平面实验装置可装载的岩层高度为 63.25 m，因此模型顶部需加载 0.08628 MPa 的均布载荷。表 3-1 为煤岩物理力学参数及相似材料配比。

表3-1　煤岩物理力学参数及相似材料配比

岩层名称	岩层厚度/m	抗拉强度/MPa	弹性模量/GPa	内聚力/MPa	抗压/MPa		容重/(g·cm⁻³)		配比
					原型	模型	原型	模型	砂子:石膏:石灰
细粉砂岩	6.6	9.53	13.97	4.32	86.34	1.64	2.65	1.51	9:2:0
细砂岩	3.68	5.97	9.54	3.5	36.82	0.70	2.64	1.50	14:1:1
粗粉砂岩	3.7	4.9	7.92	3.39	55.58	1.05	2.73	1.55	35:6:4
细粒砂岩	3.9	6.45	11.07	2.02	62.47	1.18	2.75	1.56	4:1:1
砂岩	2.86	5.44	6.12	2.07	47.45	0.90	2.65	1.51	15:4:1
砂质泥岩	3.6	2.34	3.48	2.08	32.63	0.62	2.59	1.47	14:2:3
砂岩	6.25	6.45	5.72	2.17	42.47	0.80	2.65	1.51	12:1:1
泥岩	2.2	3.57	3.72	1.98	25.58	0.48	2.66	1.51	8:2:1
砂岩	0.85	5.97	6.17	2.14	36.82	0.70	2.72	1.55	14:1:1
砂质泥岩	3.7	3.49	2.19	1.98	32.63	0.62	2.59	1.47	14:2:3
粉砂岩	1.75	3.23	8.59	2.15	56.34	1.07	2.64	1.50	7:1:2
炭质泥岩	2.1	4.9	2.88	2.78	25.58	0.48	2.63	1.49	8:2:1
3号煤层	6.5	1.05	1.98	1.63	7.78	0.15	1.43	1.43	7:1:2
粉砂岩	2.92	4.36	7.03	4.12	43.40	0.82	2.64	1.50	10:1:1
细粒砂岩	4.47	5.16	12.83	3.16	67.21	1.27	2.65	1.51	4:2:1
黑色泥岩	15.15	3.12	3.17	2.45	32.68	0.62	2.58	1.47	14:2:3

3.2.1.2　实验方案及测试系统

残煤复采的特点在于煤层赋存的复杂性，残煤复采煤层中存在大量旧采时形成的空巷、空区及冒顶区，这些巷道的方位可能与工作面平行、斜交，也可能与工作面垂直。此次相似模拟实验主要研究旧采遗留巷道与工作面平行或斜交时，复采工作面采场的矿压显现规律。根据残煤复采的特点结合实验研究的主要内容，模型中划分了3个区域，区域一布置一个空巷、一个空区和一个冒顶区；区域二为实体煤；区域三布置一条倾斜空巷和一条倾斜空区。具体方案如图3-5所示。平面应变相似模拟旧采巷道的留设与区域一相似。

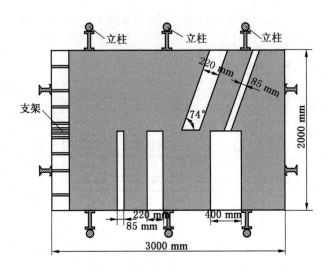

图 3 - 5　实验煤层赋存方案

　　为了能够尽可能准确地测试残煤复采采场岩层断裂特征及矿压显现规律，在实验设计时选用了如下所述的几套测试系统：①表面位移测试系统（平面相似模拟）；②内部窥视测试系统（三维模拟）；③内部位移测试系统（三维模拟）。

3.2.2　残采煤层赋存特征及巷道顶板稳定性分析

3.2.2.1　残采煤层赋存特征

　　由于残采后煤层中遗留的空巷宽度不同，巷道围岩稳定性也不同。由图 3 - 6 可以看出，当巷道宽度为 2.55 m 时，巷道的稳定性较好；当巷道宽度为 6.6 m 时，巷道顶板及两帮局部片帮和冒顶，整体稳定性较好；当巷道宽度达到 12 m 时，巷道两帮出现片帮且顶煤及部分直接顶发生垮塌。实验结果表明：巷道围岩的稳定性随着巷道宽度的增加而降低，且由于各巷道之间的煤柱宽度较宽，各煤柱的稳定性较好，没有形成贯穿整个煤柱的裂隙或失稳特征。

(a)三维模拟

(b)平面模拟

图3-6 厚煤层残采后煤层赋存及破坏特征

3.2.2.2 巷道顶板稳定性分析

研究表明，岩层运动由弯曲沉降发展至破坏的力学条件是岩层中的最大弯曲拉应力达到其抗拉强度。厚煤层残采时，为了保证工作空间的完整性，旧采遗留空巷的宽度一般小于岩层梁的极限跨距 L_1。空巷顶板力学模型如图3-7所示，顶板岩层同时受两个力的作用，一是自重，二是轴向推力 N。轴向推力 N

是由作用在巷道两侧的支承压力 σ_x 所引起的。如果空巷宽度 l 超过顶板岩层维持平衡时极限跨度 L_1，两端拉应力超限发生断裂、垮落。

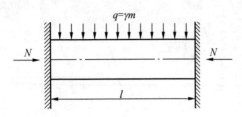

图 3-7 空巷顶板力学模型

顶板岩层的极限跨距 L_1 由下式决定：

$$L_1 = h \sqrt{\frac{2k[\sigma]_{\text{拉}}}{nq}} \qquad (3-1)$$

式中 L_1——空巷极限跨度，m；

         h——顶板岩层分层厚度，m；

         $[\sigma]_{\text{拉}}$——顶板岩层分层抗拉强度，MPa；

         k——弱化系数，取 0.2~0.5；

         q——顶板岩层所承受的载荷；

         n——岩层趋向断裂的安全系数。

空巷顶煤在受自重作用影响的同时，还受到其上方岩层间相互作用而产生的载荷，式（3-1）中的 q 可依据组合梁理论得出载荷计算公式：

$$(q_n)_1 = \frac{E h_1^3 (\gamma_1 h_1 + \gamma_2 h_2 + \cdots + \gamma_n h_n)}{E h_1^3 + E_2 h_2^3 + \cdots + E_n h_n^3} \qquad (3-2)$$

式中 h_1，h_2，$\cdots$，h_n——各岩层厚度，m；

         E_1，E_2，$\cdots$，E_n——各岩层弹性模量，GPa；

         γ_1，γ_2，$\cdots$，γ_n——各岩层体积力，kN/m³。

当利用式（3-2）计算 $(q_{n+1})_1 < (q_n)_1$ 时，则以 $(q_n)_1$ 作为作用于顶煤所承受的载荷，当上部岩层强度比悬露岩层强度

大时，该岩层只承受自身重力作用；当顶煤受弯拉破坏冒落至空巷内，冒落顶煤与直接顶之间仍存在空顶时，直接顶有活动空间，可能继续垮落。

对于厚煤层残煤复采而言，旧采遗留巷道顶板的稳定性应从两个方面分析：①在实际开采过程中由于在巷道中部增加木点柱（信号柱）支护顶板，所以旧采遗留空巷的宽度可能大于顶煤的极限跨距，甚至大于直接顶岩梁层的极限跨距，经长时间的氧化作用，木点柱丧失支撑能力后，顶板发生垮落。②除了弹性变形以外，还应考虑岩石的蠕变对顶板稳定性的影响。岩石变形不是瞬时完成的，当应力不变时，岩石应变随时间延续而增长，当岩石应力较大时，岩石变形不断增加直到破坏。

3.2.3 残煤复采采场岩层破断过程及运移规律

3.2.3.1 残煤复采采场岩层破断过程

基本顶初次来压和周期来压时，煤层空巷对采场岩层的破坏规律有显著影响。当工作面推进至 6.5 m 时，顶煤垮落，如图 3 - 8 所示，此时开始放顶回收顶煤；当工作面推进至 17.6 m 时，随着顶板悬露跨度的增加，部分直接顶受弯拉破坏而发生垮落，部分直接顶受弯曲沉降作用出现离层，其破坏高度为 7.5 m，同时基本顶出现弯曲变形，如图 3 - 9 所示。从直接顶初次垮落到推进至 29.2 m 以前，直接顶呈分次冒落，冒落岩层呈层状垮落至采空区；基本顶初次垮落步距为 29.2 m，工作面后方顶板的断裂角为 58°，冒落顶板呈"假塑性梁"垮落至直接顶矸石及支架顶梁上方，冒落岩体充满了整个采空区，如图 3 - 10 所示。

根据基本顶"X"形的破坏特点，对于三维相似模拟而言，可将工作面分为上、中、下 3 个区域。破断岩块由于互相挤压形成水平力，从而在岩块间产生摩擦力。破断岩块互相挤压有可能形成三角拱式平衡结构。此结构在一定条件下可能导致岩

图 3-8　残煤复采采场顶煤初次冒落

图 3-9　残煤复采采场直接顶初次垮落

图 3-10　残煤复采采场基本顶初次垮落

块形成变形失稳或滑落失稳。基本顶达到初次垮落步距 C_0，基本顶垮落，工作面推进至周期来压步距 C_1 的位置。由于采空区搭接板的作用力所形成的弯矩超过限度，"岩板"将在推进方向的嵌固端断裂。基本顶岩层运动及破坏的发展过程如图 3 – 11 所示。由此可知，三维相似模拟模型表面的顶板破坏特征并不能真实地反映采场内部顶板破断结构及运动形式。因此，残煤复采采场顶板破断特征依据平面应变相似模拟进行进一步分析。

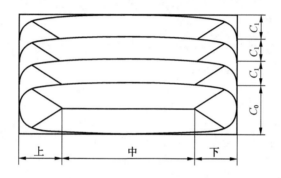

图 3 –11　基本顶岩层运动及破坏的发展过程

　　由于 6.6 m 宽的空巷顶板受采动的影响，顶板岩层中形成几乎与顶板断裂角相近的裂隙，当工作面推进至 39.6 m 时基本顶沿裂缝走向形成第一次周期断裂，断裂步距仅 10.4 m；当工作面推进至 47.6 m，即工作面与空巷（宽 12 m）之间的煤柱宽度为 6 时，位于空巷上方基本顶出现裂缝，随着工作面继续推进，空巷上方直接顶屈服破坏向基本顶扩展，工作面后方基本顶破坏范围向工作面前方延伸直至与空巷上方断裂裂缝贯通，工作面前方顶板以空巷右侧煤壁为基点向下方旋转，此时断裂角为 64.5°，第二次周期来压形成；当工作面推进至 73.8 m 和 85.2 m 时，顶板出现第三次和第四次周期断裂。采场顶板周期垮落特征如图 3 –12 所示，采场顶板来压特征见表 3 –2。

3.2.3.2　残煤复采采场岩层结构演化及运移规律

　　实验结果表明，随着工作面的推进，不同宽度的旧巷、不

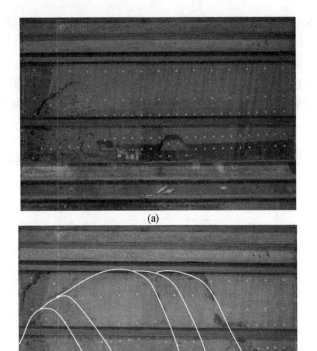

(a)

(b)

图 3-12 残煤复采采场顶板周期垮落特征

表 3-2 残煤复采采场顶板来压特征

序号	推进距离/m	来压名称	来压步距/m	顶板冒高/m	冒落角/(°)
1	29.2	初次来压	29.2	24.3	58
2	39.6	第一次周期来压	10.4	24.6	56
3	64.6	第二次周期来压	25.0	32.8	64.5
4	73.8	第三次周期来压	9.2	24.5	62.2
5	85.2	第四次周期来压	12.4	28.6	57.4

同宽度的煤柱对岩层结构演化及运移规律的影响存在共性：随着煤层采出，顶板岩层内产生相应裂隙，大多裂隙呈 50°~90° 范围，并且呈动态变化，表现为岩层开裂产生新裂隙和已产生裂隙扩展变化 2 种方式，并以 2 种方式交替出现为主。导致顶板岩层在垂直方向自下往上形成 4 种特征的岩层区域：垮落岩层区、裂隙贯通岩层区、有裂隙但未贯通岩层区和无裂隙岩层区（图 3-13）。直接赋存于煤层之上的岩层裂隙经过产生、扩展、贯通并随工作面推进垮断冒落，堆积在煤层底板之上，形成典型的垮落岩层区。由于碎胀效应使垮落岩层区上方岩层的裂隙贯通但相互挤压接触，成为裂隙贯通岩层的力学支撑结构，此为裂隙贯通岩层区。其上方岩层之间由于回转、弯曲变形出现离层，而由于离层形成的层间自由空间小于其破断所需的变形空间时，导致岩层的完整性受到破坏但仍具有宏观的连续性，称为有裂隙但未贯通岩层区。在其上的岩层仅有一些微略的弯曲变形，且整体具有较好的完整性和宏观连续性，即所谓的无裂隙岩层区。

由于空巷宽度不同，直接赋存于煤层之上的岩层裂隙经过产生、扩展、贯通在横向上呈不规律分布。在实验过程中观测到，根据空巷宽度不同岩层裂隙产生的位置也不同，分为 2 种情况：裂隙形成于工作面支架后方及工作面煤壁前方（图 3-14）。研究结果表明，顶板来压时基本顶断裂线有 3 种代表性的位置，分别为：煤壁前方、煤壁上方和支架后方（控顶区切顶线处），3 种不同的断裂位置取决于弹性基础特性参数，此处弹性基础是指由工作面煤壁前方煤体、控顶区支撑体系（包括支架、顶煤及直接顶）及采空区垮落岩石组成的支撑体系。影响断裂位置的主要因素如下：

（1）当煤层较松软或采高较大，弹性模量较小，有明显的煤壁片帮，以及天然裂隙发育时，基本顶断裂线极有可能处于煤壁前方。

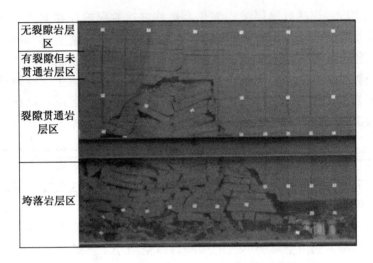

图 3 - 13 煤层采出后岩层的垮落特征

（2）当煤层硬度系数、弹性模量较大而支护阻力较小时，煤壁相当于切顶线，基本顶断裂线将处于煤壁上方。

（3）当煤层硬度系数及弹性模量较大且支架的支护强度较高时，基本顶断裂线可能位于支架后方，即支架控顶区切顶线处。目前采用综合机械化开采时顶板的断裂位置大多属于该类型。

由此可知，受残煤中遗留空巷的影响，当工作面与空巷之间的煤柱失稳时，弹性基础将发生明显转变，其组成包括空巷前方处于弹塑性状态的煤体、控顶区支撑体系及采空区垮落岩层。由于煤壁前方煤柱失稳且受旧采采动的影响，在空巷上方顶板必有裂隙存在，此时弹性基础力学模型与上述类型一极其相似，如图 3 - 14b 所示。由相似模拟结果可知，不同宽度的煤柱及空巷对顶板断裂位置的影响较大。下面将分析煤柱及空巷对顶板破断规律的影响。

(a) 裂隙形成于工作面支架后方

(b) 裂隙形成于工作面煤壁前方

图 3-14 煤层采出后顶板岩层裂隙形成位置

3.2.4 煤柱及空巷对采场围岩破断规律的影响

3.2.4.1 复采工作面过煤柱围岩运移规律

实验结果表明，煤柱失稳是造成残煤复采采场岩层破断呈现不规律性的主要诱因，且空巷宽度不同，对顶板断裂规律的影响程度也不同。由于空巷的存在，使得随着工作面的推进，工作面与空巷之间的煤柱宽度逐步变窄，而空巷形成的支承压力与工作面超前支承压力叠加作用到煤柱上，当煤柱宽度小于其临界宽度时出现片帮、压缩变形等矿压显现现象。旧巷宽度决定煤柱的临界宽度，当旧巷宽度为 2.55 m，煤柱宽度为 2.3 m时，开始产生纵向及贯穿煤柱的横向裂隙，煤柱开始失稳，如图 3-15a 所示；当旧巷宽度为 6.6 m，煤柱宽度为 4.5 m 时，开始产生纵向及贯穿煤柱的横向裂隙，煤柱开始失稳，如图 3-15b 所示；当旧巷宽度为 12 m，煤柱宽度为 7.5 m 时，开始产生纵向及贯穿煤柱的横向裂隙，煤柱开始失稳，如图 3-15c 所示。当然煤柱的临界宽度受支架支护强度的影响较大，由于实验所采用的支架为增阻式支架，当煤柱受支承压力作用而被压缩变形时，支架开始承担大部分上覆岩层的载荷，这就造成了煤柱仍具有支承能力的假象。

图 3-15　煤柱失稳示意图

以工作面过 12 m 宽旧巷（冒顶区）为例：当上覆岩层载荷作用超过煤柱的承载能力时，煤柱发生塑性破坏，上覆岩层的载荷向前方煤体转移。基本顶上覆岩层的载荷逐步作用在空巷前方煤体上，上覆岩层的重量逐步由空巷前方进入塑性区的煤体、支架及煤柱承担。

随着煤柱继续破坏，煤柱塑性变形加大，当煤柱宽度等于其临界宽度 W^* 时，基本顶及其上覆软弱岩层弯曲下沉，发生弯拉破坏，破坏出现在基本顶上部受拉部分的岩层，此时基本顶在上覆软弱岩层及自重的作用下发生回转，基本顶、直接顶及顶煤的重量逐步由旧巷前方进入塑性区的煤体、支架及煤柱承担，如图 3-16 所示。

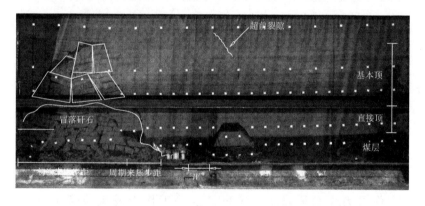

图 3-16 工作面距模型左侧边界 45 m 的围岩运移规律

随着煤柱塑性变形继续增加，当煤柱宽度小于其临界宽度，即 $W < W^*$ 时，基本顶弯拉破坏裂隙向下发育，直至贯穿整个基本顶岩层，基本顶岩层完全破断。基本顶在上覆软弱岩层及自重的作用下回转，回转导致基本顶与其上位岩层发生离层。此时，基本顶上覆未破断岩层完全作用在空巷右侧煤体上，基本顶、直接顶及顶煤的重量逐步由旧巷前方进入塑性区的煤体、支架、煤柱及采空区冒矸共同承担，如图 3-17 所示。

当裂隙超前工作面距离较远时，随着超前断裂岩梁的回转、离层，上覆岩层悬臂迅速加长，当其长度大于该岩层破断

图3-17　工作面距模型左侧边界48 m的围岩运移规律

长度时，悬臂梁破断，随着基本顶的回转其上覆岩层开始回转、断裂，其破断岩层高度可达悬臂长度小于破断长度的岩层为止。可以看出，这种超前破断岩块的长度、厚度均有增加，这便是复采工作面"超前大断裂"。随着煤柱逐渐失稳，上覆岩层的重量逐步由空巷前方进入塑性区的煤体、支架及采空区冒矸承担。与回采实体煤相比，大断裂所控制的关键块长度、厚度增加，如图3-18所示。支架阻止关键块滑落失稳所需的工作阻力也急剧增大。这也是复采工作面发生垮架事故的根源。

3.2.4.2　复采工作面过旧巷时围岩运移规律

1. 工作面过空巷时围岩运移特征

由前所述，当旧巷宽度为2.55 m，煤柱宽度为2.3 m时，开始产生纵向及贯穿煤柱的横向裂隙，煤柱开始失稳。受工作面超前支承压力的影响，与工作面平行和斜交的空巷两帮均出现片帮，顶底板移近量增大（图3-19）。随着工作面继续向前推进，煤柱被完全开采后，支架前方的控顶距增大，但是由于旧采遗留空巷的断面较小且工作面推进距离较短（未达到初次断裂步距长度），工作面超前支承压力较小，巷道顶板完整性较好，未出现大面积的漏顶现象（图3－18）。由此可知，宽度较小的平行或小角度斜交于工作面的空巷对采场矿压显现的影响不明显，但仍出现了小范围的片帮及顶板离层垮落，这在实际生产过程中是不允许的，因此，必须提前对空巷进行支护。

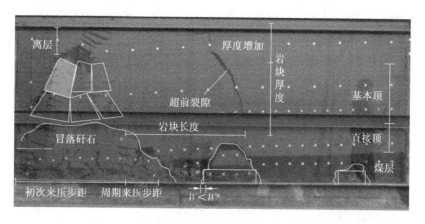

图3－18　工作面距模型左侧边界50.5 m的围岩运移规律

（a）平行空巷　　　　　　　　　（b）斜交空巷

图3－19　工作面过空巷时围岩破坏情况

2. 工作面过空区时围岩运移特征

由前所述，当工作面过空区时，煤柱宽度为4.5 m时开始产生纵向及贯穿煤柱的横向裂隙，煤柱开始失稳。受残煤复采综放工作面超前压力的影响，与工作面平行和斜交的空区两帮出现片帮且移近量开始增加，顶板出现离层并且局部出现垮落，顶底板移近量增大（图3-20）。随着工作面继续向前推进，煤柱被完全开采后，由于旧采形成的空区宽度较大，支架前方的控顶距突然增加，工作面支架前方顶板进一步向上冒落。由图3-21利用窥视设备测得的空区两帮片帮及顶板垮落情况可知，垮落的煤岩体块度较大，基本充满了工作面支架前方的空顶区域。

(a) 平行空区   (b) 斜交空区

图3-20 工作面过空区时围岩破坏情况

(a) 平行空区   (b) 斜交空区

图3-21 工作面与空区贯通时围岩破坏情况

由图3-20和图3-21可以看出，宽度较大的平行或小角度斜交于工作面的空区对采场支架的稳定性影响较大。当工作面揭露空区时，支架前方将出现大范围的冒顶现象，此时极易引起支架上方的煤岩体受矿山压力的作用向支架前方垮落，造成支架不接顶，给复采工作面的生产带来较大的安全隐患。因此，在实际生产过程中，应在空区内提前进行支护或采用充填处理，保证工作面不发生大面积冒顶、片帮现象。

图 3 - 22 为工作面过空区 I 和空区 II 时采场上覆岩层的破断特征。分析可知，当工作面与空区 I 之间的煤柱失稳或揭露空区 I 时，采场顶板并未发生超前断裂，而是沿控顶区切顶线断裂，主要原因是在工作面与空区之间的煤柱失稳前顶板初次断裂。当工作面继续推进并揭露空区时，由于顶板的悬顶长度

(a) 空区 I

(b) 空区 II

图 3 - 22　工作面过空区时上覆岩层破断特征

未达到周期断裂步距，所以顶板未发生超前断裂；当工作面与空区Ⅱ之间的煤柱失稳时，由于顶板悬顶长度大于其周期断裂步距，由此形成了超前断裂。由此表明，残煤复采时顶板的断裂结构不但与空巷宽度有关，而且与工作面揭露空巷时顶板的悬顶长度有关，因此在研究残煤复采顶板断裂结构时应分析顶板悬顶长度对其断裂结构的影响。

3. 工作面过冒顶区时采场围岩运移规律

图3-23为工作面前方煤柱宽度为12 m、6 m、3 m和0 m时，采用平面应变相似模拟得出的顶板破坏及超前断裂的演化过程。图3-23a展示了顶板充分垮落的状态，工作面后方顶板的断裂角为58°；当煤柱宽度为6 m时，如图3-23b所示，位于冒顶区上方的基本顶出现裂缝，裂缝形成高度为29.4 m；由图3-23c可以看出，当煤柱宽度为3 m时，工作面顶板超前裂

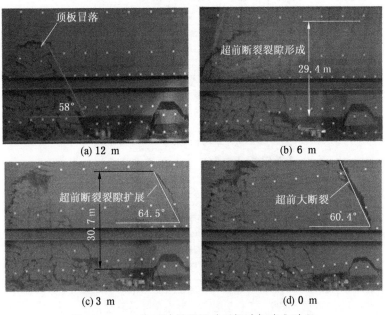

(a) 12 m

(b) 6 m

(c) 3 m

(d) 0 m

图3-23 工作面过冒顶区时顶板破坏演化过程

缝进一步扩展，裂缝高度为30.7 m，断裂角为64.5°，此时煤柱已完全失稳，工作面前方顶板以冒顶区右侧煤壁为基点向下方旋转，空巷上方直接顶与基本顶屈服破坏范围完全贯通。工作面与冒顶区贯通时，工作面前方顶板进一步回转，此时断裂角为60.4°，裂缝宽度达到2 m，此时顶板回转变形压力大部分由工作面液压支架及采空区冒矸承担。由图3-23可以看出，随着工作面回采，冒顶区与工作面间煤柱的破坏是一个渐变的过程。煤柱的支撑力随着煤柱宽度的减小而降低，当煤柱宽度小于临界宽度时，煤柱开始失稳。工作面顶板形成悬臂梁结构，导致顶板形成超前断裂，同时对支架形成了冲击载荷，引起重大顶板事故。

3.3 采场上覆岩层断裂结构及运动机理研究

残煤复采技术的关键之一就是采场围岩控制技术，对采场围岩能够采取有效、合理的控制是残煤复采能否正常进行的前提。因此，残煤复采必须考虑旧采遗留空巷引起的矿山压力显现及其传递影响，而现有的开采理论都是针对实体煤开采所建立的，显然对于残煤复采是不合理的。矿山压力显现是在矿山压力的作用下引起的围岩运动，具体表现为围岩的明显运动及围岩应力变化两个方面，因此，深入研究围岩的稳定条件，找到促使其破坏与运动的内因，以及由此引起的破坏、失稳形式，并以此为基础，提出具有针对性的围岩控制方案，是实现残煤复采安全高效开采的基本保障。

残煤复采的主要特点是煤层及其上覆岩层受到旧式开采的采动损伤后形成不连续、多裂隙的赋存结构，该结构使得复采采场上覆岩层运动及围岩应力分布特征与实体煤完全不同。由此可见采场顶板岩层结构是残煤复采的重要理论基础，探讨残煤复采采场顶板岩层的结构形式，确定其有效的控制方法是实现残煤复采的必然要求。根据前面的分析可知，影响残煤复采顶板断裂结构的主要因素是平行或小角度斜交于工作面的旧巷。因此，在三维立体和平面应变相似模拟实验研究的基础上，建立了残煤复采过平行空巷顶板岩层结构模型，并对影响顶板断裂结构的影响因素进行分析，为残煤复采提供理论基础。

3.3.1 残煤复采顶板岩层结构模型

当残煤复采开始后，其上覆岩层原有的应力平衡状态被打破。直接顶岩层断裂破碎失去宏观整体性而冒落，其碎胀效应使其成为基本顶的充填体，从而有效地减小了基本顶冒落及下沉，且受上部断裂岩层的冲击和挤压效应，使得直接顶冒矸被压缩形成具有较高承载能力的密实充填体，从而上覆岩梁断裂后具备了形成结构的可能性。残煤复采上覆顶板岩层具有以下特点：

（1）顶板岩层为软硬岩层组合结构，由于其刚度相差较大，软岩层把上部岩层重量及自重以均布载荷形式传递至下部坚硬岩层，并随坚硬岩层的运动而运动。

（2）由于旧式开采采动损伤后顶板形成不连续或多裂隙的结构，残煤复采时坚硬岩层断裂岩块长度和厚度均不相同。随着工作面的推进，断裂岩块逐个回转、沉降后形成点或面接触的挤压结构，具有一定的自承能力。

（3）由于顶板断裂岩块所受的应力状态发生转变，而采空区冒矸的碎胀效应及受挤压和冲击的程度不同，其密实程度也不同（离工作面越远，密实程度越高），这就造成近工作面垮落的顶板呈现一定的倾斜，从而促使各岩块之间产生巨大的推力，这就是各接触面的挤压力源。

（4）结构在垮落前可认为遵循块体理论。

结合三维立体和平面应变相似模拟实验结果，推断残煤复采采场上覆岩层可能形成不规则岩层块体传递岩梁结构。结构模型如图 3-24 所示。

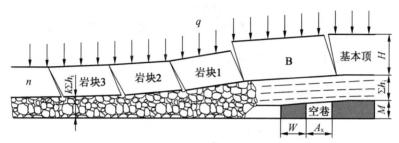

H—断裂岩块的最大厚度，m；$\sum h_i$—直接顶冒落岩层厚度，h_i 为第 i 层直接顶冒落岩层厚度，

m；M—煤层厚度，m；k—冒落岩层的平均碎胀系数 $\left(k = \sum_{i=1}^{n} k_i h_i / \sum_{i=1}^{n} h_i，k_i 为第 i 层冒落岩层\right.$

的碎胀系数 $\Big)$；W—复采工作面与前方空巷间的煤柱宽度，m；A_x—复采工作面前方空巷宽度，

m；q—不规则岩层块体传递岩梁—半拱结构中断裂块体单位长度的重量加上其上岩层施加

的单位长度的载荷，MPa

图 3 - 24　残煤复采采场覆岩不规则岩层块体传递岩梁结构模型

3.3.2 "关键块"的破断及失稳机理

残煤复采采场上覆岩层断裂结构及运动机理研究的重点是：不规则岩层块体传递岩梁结构中"关键块 B"的破断及失稳机理。根据图 2 - 13 所示的横跨煤柱型复采可知，当横跨煤柱贯穿整个工作面时，块体 B 可视为一边固支一边简支的悬臂梁结构，而当横跨煤柱未贯穿整个工作面时，块体 B 前端由实体煤支承，两侧也为实体煤，可视为三边固支一边简支的弹性薄板结构。

3.3.2.1 "关键块"破断位置的确定

1. 悬臂梁结构断裂位置的确定

当横跨煤柱贯穿整个工作面，即与工作面平行的空巷贯穿整个工作面时，顶板"关键块"B 的力学模型如图 3 - 25 所示。假定煤柱失稳后，该力学模型中的铰接岩梁由已断裂块体 A 及可看成是处于悬臂梁受力状态的关键块 B 组成。如果不考虑岩梁的挠曲，则块体 B 所受的结构力包括：

（1）块体 B 的自重：$G_2 = \gamma H L_2$。

（2）块体 A 通过铰接点 M 的推力 P 及相应的摩擦力 $F = Pf$。

（3）将铰接点 M 的偏心力 P 移至岩梁中心$\left(\dfrac{H}{2}处\right)$，所产生的附加力偶矩为 $M_P = \dfrac{H}{2}P$。

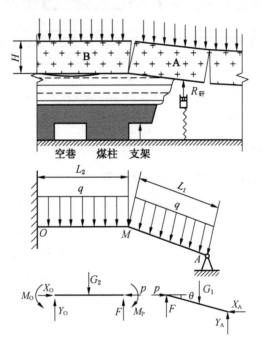

图 3 – 25　顶板力学模型及受力

根据图 3 – 25 所示的铰接岩梁中块体 A 的平衡条件，令

$$\sum M_A = 0$$

则　　　　　$G_1 \dfrac{L_1}{2}\cos\theta = PL_1\sin\theta + FL_1\cos\theta$ ，即

$$2P\tan\theta + 2F = G_1 \tag{3-3}$$

在极限条件下，将 $F = Pf$ 代入式（3-3）得

$$P = \frac{G_1}{2f + 2\tan\theta}$$

$$F = Pf = \frac{fG_1}{2f + 2\tan\theta}$$

$$G_1 = \gamma H L_1$$

式中　　f——摩擦系数；

　　　　G_1——块体 A 的自重。

一般情况下 L_1 远大于岩梁的沉降值，因此当 $\tan\theta = \sin\theta = \frac{S_A}{L_1} \approx 0$ 时，P 和 F 可以简化为

$$P = \frac{G_1}{2f} = \frac{\gamma H L_1}{2f}$$

$$F = \frac{G_1}{2} = \frac{\gamma H L_1}{2}$$

由材料力学相关知识可知，在均布载荷作用下的块体 B 悬臂梁结构最大弯矩位于其固支端，由此可知块体 B 在上述结构力的作用下从固支端 O 处断裂，其力学条件为

$$\sigma = [\sigma]$$

其中，σ 为固支端断裂处的实际拉应力，其大小为结构中作用于该处应力之差，即

$$\sigma = \sigma_1 - \sigma_2$$

式中　　σ_1——力系在 O 点产生的拉应力；

　　　　σ_2——力系在 O 点产生的压应力。

σ_1 是由岩梁弯曲产生的，故有

$$\sigma_1 = \frac{M_0}{W_0} \qquad (3-4)$$

其中，M_0 为块体 B 固支端 O 处的弯矩，具体为

$$M_0 = \frac{G_2 L_2}{2} + FL_2 + P\frac{H}{2} = \frac{\gamma H L_2^2}{2} + \frac{\gamma H L_1 L_2}{2} + \frac{\gamma H L_1}{4f}$$

$$(3-5)$$

$$W_0 = \frac{H^2}{6} \tag{3-6}$$

将式（3-5）和式（3-6）代入式（3-4）得

$$\sigma_1 = \frac{3\gamma L_2^2}{H} + \frac{3\gamma L_1 L_2}{H} + \frac{3\gamma L_1}{2f}$$

σ_2 是由块体 A 施加的挤压力 P 产生的，改值为 $\sigma_2 = \frac{P}{H} = \frac{\gamma L_1}{2f}$。

由此，块体 B 的固支端 O 点的实际拉应力为

$$\sigma = \sigma_1 - \sigma_2 = \frac{3\gamma L_2^2}{H} + \frac{3\gamma L_1 L_2}{H} + \frac{\gamma L_1}{f} \tag{3-7}$$

研究认为，P 对 O 点的压应力与移动该力至岩梁中部后附加力偶矩产生的拉应力相抵消，并不影响计算结果，因此，式（3-7）可以简化为

$$\sigma = \frac{3\gamma(L_2^2 + L_1 L_2)}{H} \tag{3-8}$$

由此可知，当 $\sigma \geqslant [\sigma]$ 时，块体 B 将沿固支端 O 处断裂，从而形成超前断裂。由式（3-8）及假定煤柱失稳可知，块体 B 的断裂与煤柱的临界宽度、块体 B 的长度（包括空巷宽度、煤柱临界宽度和煤壁后方悬顶长度）有关，因此需要进一步分析上述因素对块体 B 断裂的影响。

2. 弹性薄板结构断裂位置的确定

当横跨煤柱未贯穿整个工作面，即与工作面平行的空巷未贯穿整个工作面时，顶板"关键块"B 的力学模型如图 3-26 所示。

图 3-26 中，ON 为空巷长度；A_x 为空巷宽度，顶板由空巷前方实体煤支承，视为固定边界；两侧 OL、NM 顶板由实体煤支承，视为固定边界；$HLCM$ 为工作面与空巷之间的煤柱；ML 为采空区悬板，视为分布剪应力 V_x 和弯矩 M_x 的边界。顶板受

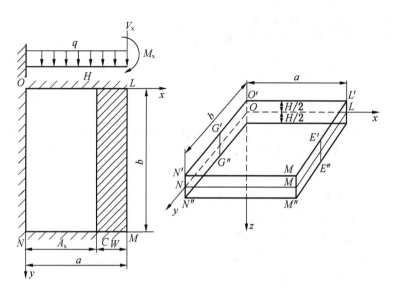

图 3-26 块体 B 断裂前的力学模型

均布载荷 q 的作用，当煤柱宽度 W 小于其临界宽度 W^* 时，煤柱失稳，此时顶板边界条件为

$$\omega\big|_{x=0} = 0 \qquad \frac{\partial \omega}{\partial x}\bigg|_{x=0} = 0$$

$$-D\left(\frac{\partial^2 \omega}{\partial^2 x^2} + \mu\,\frac{\partial^2 \omega}{\partial y^2}\right)_{x=a} = M_x \quad -D\left[\frac{\partial^3 \omega}{\partial x^3} + (2-\mu)\,\frac{\partial^3 \omega}{\partial x \partial y^2}\right]_{x=a} = V_x$$

$$\omega\big|_{y=0} = 0 \qquad \frac{\partial \omega}{\partial y}\bigg|_{y=0} = 0$$

$$\omega\big|_{y=b} = 0 \qquad \frac{\partial \omega}{\partial y}\bigg|_{y=b} = 0$$

其中，$D = \dfrac{EH^3}{12(1-\mu^2)}$；$\mu$ 为顶板岩层的泊松比。

选取挠曲面方程：

$$\omega = A\left(1 - \cos\frac{\pi x}{2a}\right)\left(1 - \cos\frac{2\pi y}{b}\right) \qquad (3-9)$$

$$I = \iint \left\{ \frac{D}{2} \left\{ \left(\frac{\partial^2 \omega}{\partial x^2} + \frac{\partial^2 \omega}{\partial y^2} \right)^2 - 2(1-\mu) \left[\frac{\partial^2 \omega}{\partial x^2} \frac{\partial^2 \omega}{\partial y^2} - \left(\frac{\partial^2 \omega}{\partial x \partial y} \right)^2 \right] \right\} - q\omega \right\} \mathrm{d}x \mathrm{d}y \tag{3-10}$$

将式 (3-9) 代入式 (3-10)，并令 $\frac{\partial I}{\partial A} = 0$ 可求得 A。

以发生弯曲变形前板的中间面作为 xy 坐标面，z 轴垂直向下 (图 3-26)。弹性薄板弯曲理论是建立在以下两个假设基础上的。

①在板变形前，原来垂直于板中间面的线段，在板变形以后，仍垂直于微弯了的中间面。

②作用于与中间面相平行的诸截面内的正应力 σ_z，与横截面内的应力 σ_x、σ_y、τ_{xy} 等相比为很小，故可以忽略不计。

由第二个假设，从胡克定律得到

$$\begin{cases} \sigma_x = -\dfrac{Ez}{1-\mu^2} \left[\dfrac{\partial^2 \omega}{\partial x^2} + \mu \dfrac{\partial^2 \omega}{\partial y^2} \right] \\[2mm] \sigma_y = -\dfrac{Ez}{1-\mu^2} \left[\dfrac{\partial^2 \omega}{\partial y^2} + \mu \dfrac{\partial^2 \omega}{\partial x^2} \right] \\[2mm] \tau_{xy} = -2Gz \dfrac{\partial^2 \omega}{\partial x \partial y} \end{cases} \tag{3-11}$$

将式 (3-9) 代入式 (3-11) 可得

$$\sigma_x = -\frac{EzA}{1-\mu^2} \left(\frac{\pi}{2a} \right)^2 \left[\cos\frac{\pi x}{2a} \left(1 - \cos\frac{2\pi y}{b} \right) + \mu \left(\frac{4a}{b} \right)^2 \left(1 - \cos\frac{\pi x}{2a} \right) \cos\frac{2\pi y}{b} \right]$$

$$\sigma_y = -\frac{EzA}{1-\mu^2} \left(\frac{2\pi}{b} \right)^2 \left[\left(1 - \cos\frac{\pi x}{2a} \right) \cos\frac{2\pi y}{b} + \mu \left(\frac{b}{4a} \right)^2 \cos\frac{\pi x}{2a} \left(1 - \cos\frac{2\pi y}{b} \right) \right]$$

$$\tau_{xy} = -\frac{EzA}{1+\mu} \frac{\pi^2}{ab} \sin\frac{\pi x}{2a} \sin\frac{2\pi y}{b}$$

由此可知，当 $x = 0$, $z = \dfrac{-H}{2}$ 时

$$\sigma_x = \frac{EAh}{8(1-\mu^2)}\left(\frac{\pi}{a}\right)^2\left(1-\cos\frac{2\pi y}{b}\right)$$

$$\sigma_y = \frac{EA\mu h}{8(1-\mu^2)}\left(\frac{\pi}{a}\right)^2\left(1-\cos\frac{2\pi y}{b}\right)$$

$$\tau_{xy} = 0$$

当 $y = 0$, 或 $y = b$, $z = \dfrac{-H}{2}$ 时

$$\sigma_x = \frac{2EA\mu h}{1-\mu^2}\left(\frac{\pi}{b}\right)^2\left(1-\cos\frac{\pi x}{2a}\right)$$

$$\sigma_y = \frac{2EAh}{1-\mu^2}\left(\frac{\pi}{b}\right)^2\left(1-\cos\frac{\pi x}{2a}\right)$$

$$\tau_{xy} = 0$$

可知，在 $x = 0$ 的边界上，当 $y = \dfrac{b}{2}$, $z = \dfrac{-H}{2}$ 时主应力为最大值

$$(\sigma_x)_{\max} = \frac{EAh}{1-\mu^2}\left(\frac{\pi}{2a}\right)^2 \tag{3-12}$$

$$(\sigma_y)_{\max} = \frac{EA\mu h}{1-\mu^2}\left(\frac{\pi}{2a}\right)^2 \tag{3-13}$$

在 $y = 0$ 或 $y = b$ 的边界上，当 $x = a$, $z = \dfrac{-H}{2}$ 时有

$$(\sigma_x)_{\max} = \frac{2EA\mu h}{1-\mu^2}\left(\frac{\pi}{b}\right)^2 \tag{3-14}$$

$$(\sigma_y)_{\max} = \frac{2EAh}{1-\mu^2}\left(\frac{\pi}{b}\right)^2 \tag{3-15}$$

由式（3-12）~式（3-15）可知，在 $x = 0$ 边界上的最大正应力值在边界中部 $y = \dfrac{b}{2}$ 处；在 $y = 0$ 或 $y = b$ 边界上的最大正应力值在边界端部 $x = a$ 处，且式（3-15）与式（3-12）的比

值为 $8\left(\dfrac{a}{b}\right)^2$。

由此可知，当横跨煤柱未贯穿整个工作面且煤柱失稳时，顶板首先在点 $L'\left(a,\ O,\ \dfrac{-H}{2}\right)$ 和点 $M'\left(a,\ b,\ \dfrac{-H}{2}\right)$ 处断裂。当 L' 和 M' 处断裂后，顶板的结构转化为悬臂梁结构，此时点 $G'\left(O,\ \dfrac{b}{2},\ \dfrac{-H}{2}\right)$ 处首先发生断裂，即出现超前断裂。

3.3.2.2 "关键块" 失稳机理

根据对残煤复采顶板 "关键块" 断裂位置的研究可知，当煤柱失稳时，顶板将出现超前断裂，由此建立了基于残煤复采过平行及小角度斜交空巷时基本顶力学模型，如图 3 - 27 所示。块体 B 发生断裂后，其受力状态如图 3 - 28 所示。当工作面揭露空巷或煤柱失稳时，此时 $b=0$ 或 $b=W^*$。按 $b=0$ 进行分析可知，块体 B 所受的水平推力 T_E、T_H，垂直剪力 Q_E、Q_H，矸石的支撑力 F_d，直接顶对块体 B 的作用力 F_0，上覆岩层施加于块体 B 的载荷 q 及块体 B 的自重 F_{zj} 对其旋转轴 EF 所产生的力矩分别为

$$\begin{cases} M_{T_H} = T_H(h - e - L_2\sin\theta) \\ M_{Q_H} = Q_H[L_2\cos\theta - (h - e - L_2\sin\theta)\sin\theta] \\ M_{F_d} = \displaystyle\int_{a_0}^{L_2\cos\theta} K_G g_x L_1 x \mathrm{d}x \\ M_{F_0} = F_0\left(a + \dfrac{c}{2}\right) \\ M_{q+zj} = \dfrac{qkL_1L_2^2}{2} + \dfrac{\gamma k h_z L_1 L_2^2}{2} \\ M_{T_E} = M_{Q_E} = 0 \end{cases} \tag{3-16}$$

以块体 B 为研究对象，由受力平衡分析得

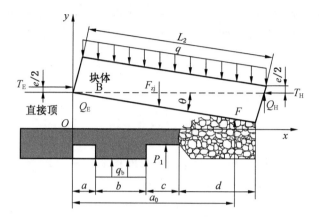

图 3 – 27 基本顶力学模型

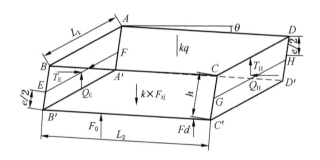

图 3 – 28 块体 B 受力状态

$$\begin{cases} \sum F_{\mathrm{x}} = 0 \\ \sum F_{\mathrm{y}} = 0 \\ \sum M_{\mathrm{EF}} = 0 \end{cases} \qquad (3-17)$$

其中，L_1、L_2 为沿工作面倾斜方向和推进方向顶板的断裂长度，可以根据式（3 – 18）和式（3 – 19）计算得到；e 为块体 B 与 A、C 的铰接点位置，可由式（3 – 20）得出；块体 B 所受的水平推力 T_{H}、空区内落矸的压缩量 g_{x} 和直接顶对块体 B 的作用力

F_0 可以分别根据式 (3-21)、式 (3-22) 和式 (3-23) 计算得到，具体计算公式如下：

$$L_1 = \frac{2L_2}{17}\left[\sqrt{\left(10\frac{L_2}{S}\right)^2 + 102} - 10\frac{L_2}{S}\right] \qquad (3-18)$$

式中　　S——工作面长度，m。

$$L_2 = h\sqrt{\frac{R_t}{3q}} \qquad (3-19)$$

式中　　q——上覆软弱岩层载荷，MPa；

　　　　R_t——基本顶抗拉强度，MPa。

$$e = \frac{h - L_2\sin\theta}{2} \qquad (3-20)$$

式中　　θ——块体 B 向采空区方向的倾斜角度，(°)。

$$T_H = \frac{L_2(qL_1L_2 + \gamma hL_1L_2)}{2(h - L_2\sin\theta)} \qquad (3-21)$$

式中　　γ——直接顶上覆岩层的平均容重，MN/m^3。

$$g_x = x\tan\theta + \frac{\gamma H_0}{K_C} - \left[M - M(1-\eta)K_d - h_z(K_z - 1)\right] \qquad (3-22)$$

式中　　H_0——直接顶上覆岩层厚度，m；

　　　　M——煤层厚度，m；

　　　　η——工作面煤炭采出率；

　　　　K_d——煤的碎胀系数；

　　　　K_z——直接顶的碎胀系数；

　　　　h_z——直接顶厚度，m。

$$F_0 = \frac{P_1(2a + c)}{a + c} + \frac{\sigma_t h_z^2}{3} - (a + c)\gamma h_z L_1 \qquad (3-23)$$

式中　　a——空巷宽度，m；

　　　　c——工作面控顶距，m；

　　　　σ_t——直接顶抗拉强度，MPa；

P_1——支架工作阻力，MN。

根据以上各式，可以求得

$$T_E = \frac{L_2(qL_1L_2 + \gamma hL_1L_2)}{2(h - L_2\sin\theta)} \qquad (3-24)$$

$$Q_E = \frac{L_1L_2{}^2(q + \gamma h)(2k - 1) - 2F_0(a + c) - 4M_{F_d}}{4L_2\cos\theta - 2(h - L_2\sin\theta)\sin\theta} +$$

$$kL_1L_2(q + \gamma h) - F_0 - F_d \qquad (3-25)$$

$$F_d = \int_{a_0}^{l_2\cos\theta} K_G g_x L_1 \mathrm{d}x$$

式中　　k——工作面超前采动应力集中系数；

　　　　h——块体 B 的厚度，m；

　　　　K_G——冒落矸石的支撑系数，MPa/m。

若取 $b = W^*$，式（3－16）～式（3－25）中的 $a = a + W^*$，其中 W^* 为煤柱临界宽度，单位为 m。

顶板断裂后失稳形式主要包括滑落失稳和回转失稳，块体 B 发生滑落失稳的条件为

$$T_E\tan\varphi \leqslant Q_E \qquad (3-26)$$

式中　$\tan\varphi$——块体间的摩擦因数，一般取 0.2。

块体 B 发生回转变形失稳的条件为

$$\frac{T_E}{L_1 e} \geqslant \Delta\sigma_c \qquad (3-27)$$

式中　$\dfrac{T_E}{e}$——块体接触面上的平均挤压应力，MPa；

　　　　Δ——因块体在转角处的特殊受力条件而取的系数，取 0.45；

　　　　σ_c——块体的抗压强度，MPa。

将式（3－24）代入式（3－27），可以得到块体 B 发生回转变形失稳的条件为

$$\frac{L_2(qL_1L_2) + \gamma hL_1L_2}{L_1(h - L_2\sin\theta)^2} \geqslant \Delta\sigma_c \qquad (3-28)$$

由此可知，残煤复采采场围岩控制的重点是：既要防止块体 B 发生滑落失稳，也要防止块体 B 发生回转失稳。由相似模拟结果可知，未对空巷处理时，要想阻止块体 B 出现失稳需要支架提供超过 25000 kN 的工作阻力，这几乎是不可能实现的，这也是需要对空巷进行采前处置的主要原因。

3.3.3 影响顶板断裂结构的主要因素

根据研究结果可知，在煤层力学参数、煤层埋深等开采技术条件确定的情况下，复采工作面块体 B 的断裂与煤柱的临界宽度、块体 B 的长度（包括空巷宽度、煤柱临界宽度和煤壁后方悬顶长度）有关。由此必须分析当空巷宽度为多少时块体 B 将沿其固支端发生断裂，此时要求煤壁后方的悬顶长度为多少，且在该条件下煤柱的失稳临界宽度为多少。由此根据长壁复采工作面顶板结构力学模型对引起顶板断裂各影响因素进行分析。

3.3.3.1 煤柱对基本顶关键块断裂影响的分析

对空巷和复采工作面之间煤柱的稳定性进行分析研究具有重要意义，首先，确定煤柱保持稳定的最小尺寸对复采采场围岩及时采取加强支护具有指导意义，其次，煤柱稳定性是进行残煤复采综放工作面过空巷时矿压规律分析的关键影响因素之一。工作面推进造成煤柱支承压力增加，当煤柱的支承压力升高并超过其极限应力时，煤柱开始失稳。

1. 煤柱宽度大于临界宽度

当煤柱宽度 W 大于临界宽度 W^* 时，支承应力形成"马鞍形"应力分布（图 3 – 29）。由于煤柱两侧开挖空间尺寸的不对称性，支承应力分布形态为不对称"马鞍形"。其中，采场侧支承应力分布范围较空巷侧大，两峰值均小于或等于煤柱强度，继续回采煤柱，峰值向中心发展。

当煤柱宽度大于临界宽度时，煤柱仍是弹性体，即煤柱弹

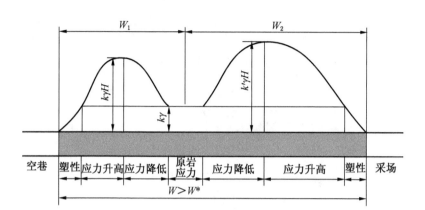

图 3 - 29 煤柱"马鞍形"应力分布

性模量 $E = \infty$、顶板下沉量 $\Delta Y = 0$，工作面顶板可以简化为悬臂梁结构，空巷顶板可以简化为两端固支梁结构，如图 3 - 30a 所示。

煤柱尺寸足够大时，煤柱支承性能较好，基本顶不会发生超前断裂，此时支架支护强度按回采实体煤时支架支护阻力进行计算。

2. 煤柱宽度等于临界宽度

随着煤柱被回采，当煤柱宽度 W 等于临界宽度 W^* 时，支承应力叠加，由于煤柱两侧开挖空间尺寸的不对称性，复采工作面前方煤柱内会形成不对称"平台形"应力分布（图 3 - 31），其中煤柱核区应力最大，最大应力等于煤柱极限强度。

当煤柱尺寸随回采变小时，煤柱逐渐进入弹性阶段，即 $E = E_0$、$\Delta Y = \Delta Y_{\min}$，根据煤柱的静载荷集度等于煤柱强度，其中煤柱强度按 Bieniawski 煤柱强度计算公式进行计算，可得煤柱临界宽度计算公式：

$$\rho g H \left(1 + \frac{B}{W^*}\right) = 0.2357 \sigma_c \left(0.64 + 0.36 \frac{W^*}{M}\right) \quad (3 - 29)$$

式中 W^*——煤柱临界宽度，m；

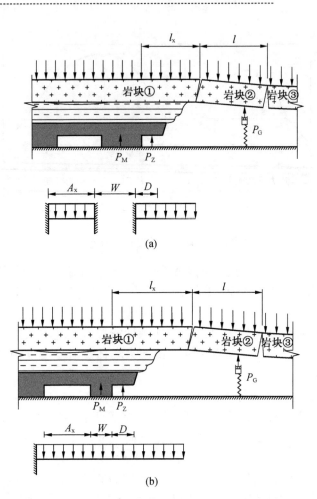

图 3-30　煤柱尺寸对基本顶超前断裂的影响

ρ——覆岩平均视密度，kg/m³；

H——平均采深，m；

g——重力加速度，$g = 9.8$ N/kg；

B——煤柱承载覆岩宽度，m。

此时，煤体除了要承担一半的空巷覆岩重量外，还要承担

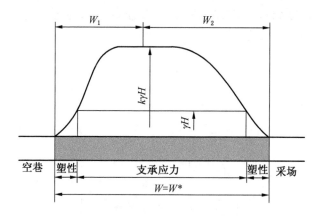

图 3-31　煤柱"平台形"应力分布

一部分采场基本顶结构及其覆岩重量，因此

$$B = \frac{A_x}{2} + kl_x \qquad (3-30)$$

式中　A_x——空巷跨度；

　　　l_x——复采工作面与周期断裂线的距离；

　　　k——煤体载荷集度系数，其中 k 表示采场支承压力峰值
　　　　　和原岩应力的比值，$k = 1.5 \sim 5$。

将式（3-30）代入式（3-29）可得

$$\rho g H \left(1 + \frac{B}{W^*}\right) = 0.2357\sigma_c \left(0.64 + 0.36\frac{W^*}{M}\right) \quad (3-31)$$

解得

$$W^* = \frac{-b + \sqrt{b^2 - 4ac}}{2a} \qquad (3-32)$$

其中，$a = \dfrac{0.085\sigma_c}{M}$；$b = -\left(\dfrac{\rho g H}{2} - 0.15\sigma_c\right)$；$c = -\rho g H\left(\dfrac{A_x}{2} + kl_x\right)$。

3. 煤柱宽度小于临界宽度

煤柱继续被回采，煤柱宽度 W 小于临界宽度 W^*。两侧支
承压力区相互叠加，煤柱核区支承压力增大，核区支承压力大

于煤柱极限强度，煤柱失稳。应力分布形态为不对称"孤峰形"，如图 3 – 32 所示。

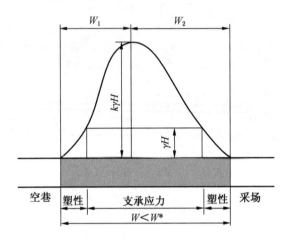

图 3 – 32　煤柱"孤峰形"应力分布

如图 3 – 30b 所示，当煤柱宽度 W 小于临界宽度 W^* 时，进入塑性破坏阶段，煤柱强度降低，此时煤柱弹性模量 $E < E_0$、顶板下沉量 $\Delta Y = \Delta Y_{\max}$。煤柱进入塑性破坏阶段后，在覆岩的作用下失稳，工作面顶板力学模型可简化为悬臂梁结构，悬臂梁长度为空巷宽度、煤柱宽度、复采工作面与周期断裂线距离之和。

随着工作面的推进，在基本顶初次来压以后，裂缝带岩层形成的结构将经历工作面顶板周期来压。如果悬臂梁长度大于周期来压步距，则基本顶发生超前断裂。因此，下面对煤柱失稳条件下复采工作面与周期断裂线的距离、空巷宽度对基本顶超前断裂的影响进行分析。

3.3.3.2　分析基本顶悬顶长度对超前断裂的影响

由前述可知，随回采当煤体宽度 W 小于临界宽度 W^* 时，基本顶可视为悬臂梁结构。

如图 3-33 所示，将基本顶简化成悬臂梁后，当基本顶悬臂长度 L_x 大于周期来压步距 l 时，即 $L_x = l_x + W + A_x > l$，基本顶悬臂梁折断。由前面分析可知，基本顶悬臂梁结构的断裂位置在基本顶悬臂梁固支端。

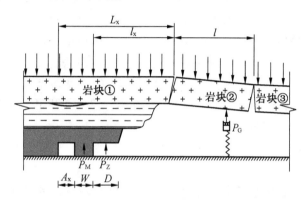

图 3-33 基本顶断裂线位置对基本顶超前断裂的影响

由 $L_x = l_x + W + A_x$ 可知，当复采工作面与周期断裂线的距离、煤柱宽度之和大于周期来压步距 l，即 $l_x + W > l$ 时，必然有

$$L_x = l_x + W + A_x > l \qquad (3-33)$$

而此时的煤柱宽度 W 是与 l_x、A_x 均无关的常数，$0 < W < W^*$。由式（3-33）可以看出，当 l_x 足够大时，即便空巷跨度 A_x 较小，基本顶也会发生超前断裂。基本顶发生断裂后，工作面来压步距 L_x 大于回采实体煤时周期来压步距 l，来压强度大于回采实体煤时周期来压强度。当然，复采工作面与周期断裂线的间距 l_x 不会无限大，当 $l_x > l$ 时，基本顶会在煤柱达到临界宽度前断裂，由此可知 $0 \leqslant l_x \leqslant l$。

由于空巷位置的随机性，复采工作面过平行空巷不一定会遇到 l_x 较大的状况，但是这种状态说明了一种可能，即空巷宽度较小时也可能出现基本顶超前断裂。由此可以看出，复采工作面与上次来压基本顶断裂线的距离 l_x 是复采工作面超前断裂的主要影响因素之一。

3.3.3.3 分析空巷宽度对基本顶超前断裂的影响

随着工作面的推进，当煤柱宽度 W 小于临界宽度 W^* 时，煤柱失稳，基本顶处于悬臂梁状态。由于失去煤柱支撑力，基本顶梁结构的悬臂长度增加，剪切力和弯矩增大，若空巷宽度足够大，复采工作面基本顶可能会出现超前断裂。

由前述可知，当基本顶悬臂梁长度 L_x 大于或等于周期来压步距 l，即 $L_x = l_x + W + A_x \geq l$ 时，基本顶悬臂梁折断，断裂位置在基本顶固支端。

因此，此时空巷宽度 A_x：

$$A_x \geq l - l_x - W^* \tag{3-34}$$

按超前断裂受复采工作面与周期断裂线的距离影响最小且基本顶悬臂梁刚好达到一个周期来压步距考虑，即 $l_x = 0$ 且 $L_x = l$，可以得到基本顶超前断裂的充分条件。

如图 3-34 所示，当 $l_x = 0$ 且 $L_x = l$ 时

$$I = A_0 + W^* \tag{3-35}$$

因此

$$W^* = l - A_0 \tag{3-36}$$

$$B = \frac{A_0}{2} \tag{3-37}$$

将式（3-36）、式（3-37）代入式（3-29）得

$$\rho g H \left[1 + \frac{A_0}{2(l - A_0)} \right] = 0.2357 \sigma_c \left(0.64 + 0.36 \frac{l - A_0}{M} \right) \tag{3-38}$$

式中　A_0——空巷临界宽度；

　　　l——基本顶周期来压步距，根据煤层综放工作面顶板来压计算所确定的初始参数，可应用 RST 采场矿压分析软件计算。

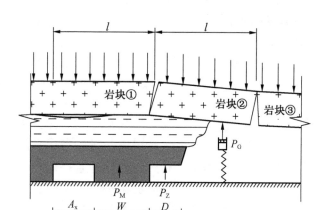

图 3 – 34 空巷宽度对基本顶超前断裂的影响

解得
$$A_0 = l - \frac{-b + \sqrt{b^2 - 4ac}}{2a} \qquad (3-39)$$

其中，$a = \dfrac{0.085\sigma_c}{M}$；$b = -\left(\dfrac{\rho g H}{2} - 0.15\sigma_c\right)$；$c = -\dfrac{\rho g H l}{2}$。

当 $A_x \geqslant A_0$ 时，无论复采工作面与周期断裂线的距离是多少，随着煤柱的回采，基本顶必然会产生超前断裂。

理论上，即使空巷宽度再小也可能发生超前断裂。这是因为只要有空巷存在，煤柱与前方实体煤失去相互水平作用力，煤柱必然会有失稳的状态。

3.4 复采工作面上覆岩层移动变形规律

3.4.1 位移测点的布置及测量方法

三维立体和平面应变相似模拟各有利弊，平面应变模型能够直观地测量采场上覆岩层的运移规律，而三维模拟能够更真实地反映采场内部上覆岩层的移动规律及支承压力的分布规律，因此作者采用平面相似模拟和三维相似模拟相结合的方式进行分析。

1. 表面位移测试系统

1）测点布置

平面应变模型较三维相似模拟模型而言，表面岩层的破断、位移特征更加能够真实地反映残煤复采采场顶板的运移特征，因此此次研究采用平面应变模型设置的表面位移测试系统进行测试。为了测定回采过程中上覆顶板岩层运移规律，装设平面应变模拟实验台时，在实验台一侧设有机玻璃板。采用数码相机对模型表面位移进行测量。利用绘图软件直接绘出顶板上覆岩层变形过程及变形规律。平面应变柔性加载实验装置设有机玻璃一侧横向布置 5 条测线，纵向布置 29 条测线，共 117 个测点，如图 3 - 35 所示。

2）测量方法

采用单反相机拍照，结合电脑软件进行数据处理。该观测方法能在短时间内对所有的视窗进行拍照，及时记录各窗口岩层的位移变化情况，所需时间短，观测范围大，并且操作简单。缺点是不能连续不间断地进行观测，数据处理工作量大。对于用本书中的拍照法进行数据处理时的误差分析，对同一个视窗在不变焦距的情况下连续拍照两次，加载压力不变，在两次拍照期间没有采动影响，即在实际情况下各观测点之间是不存在位移变化的。然后将这两张相片在同一坐标系中处理，所得的各观测点之间的位移差值就是数据处理的误差。

具体数据处理方法如下：①将相片与实际模型尺寸以 1∶1 的比例插入 AutoCAD 软件中，使照片基准点位于坐标原点；②读出工作面推进至某一位置处的照片上测点坐标并记录，保证照片比例相同、参照的坐标原点相同；③处理所有测点坐标值，取未开采时照片测点坐标为初始值，所有测点坐标与初始值做差得到相对坐标值，最终求出绝对位移；④将各测点绝对位移在同一坐标系中生成曲线，在各个过程中需要注意减小误差，尽量使位移精确。

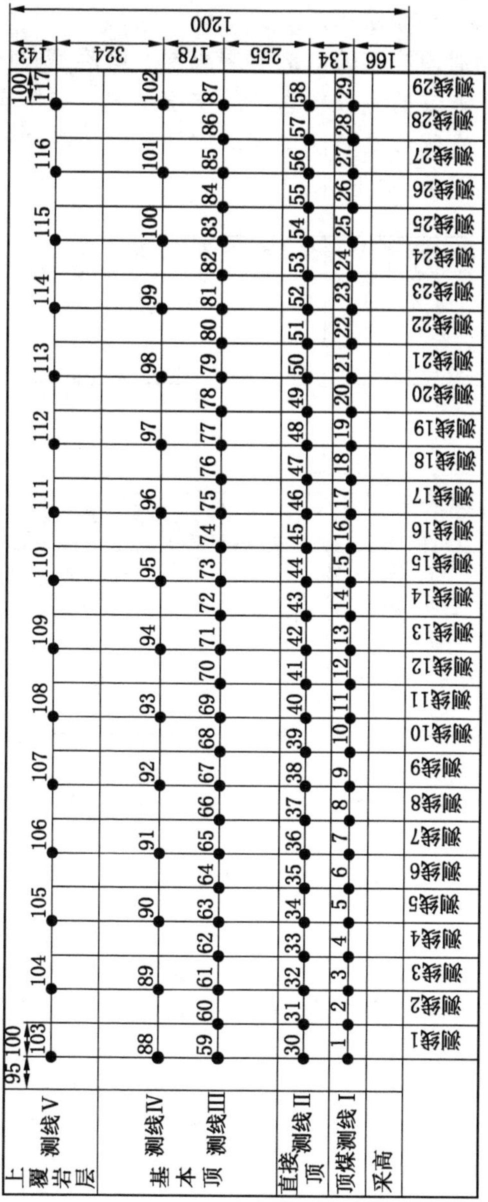

图3-35　平面相似模拟位移测点布置图

2. 内部位移测试系统

由于三维相似模拟实验内部岩层离层、垮落等破坏无法直观观测到，为了能够监测顶板岩层的离层情况，三维实验采用百分表配合自行车闸线来监测顶板离层情况，内部位移测点布置如图 3 – 36 和图 3 – 37 所示。

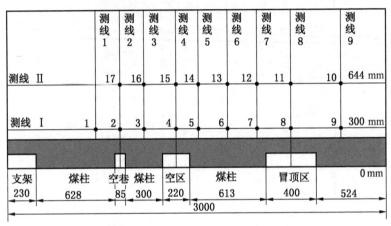

图 3 – 36　平行空巷区域位移测点布置

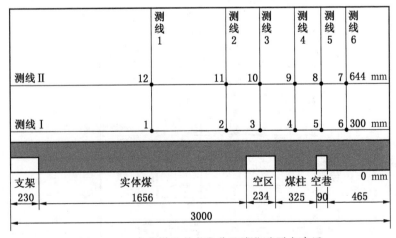

图 3 – 37　实体煤及斜交空巷区域位移测点布置

3.4.2 工作面过平行空巷上覆岩层移动变形规律

3.4.2.1 平面应变相似模拟研究结果

图 3 – 38 ～ 图 3 – 42 为平面模拟实验横向位移测线 Ⅰ ～ Ⅴ 随残煤复采综放工作面推进时各测点的移动距离变化曲线。由图 3 – 38 ～ 图 3 – 42 可以看出，在旧式开采后，旧采形成的空巷、空区顶煤及直接顶均未垮落，而宽度为 12.0 m 的冒顶区顶煤及部分直接顶垮落。当采空区顶板充分垮落并充满采空区后，不论是工作面过空巷还是过空区，同一岩层的最终移动量各点位基本相近，高位岩层由于回转失稳，其各测点的移动量较低位岩层各点位的移动量大，这与整装实体煤开采基本相同。随着工作面的推进，各岩层上各测点的移动量逐渐增大，并且随工作面的逐步推进其移动量逐渐增加至最大值，采空区顶板岩层形成明显的移动变形盆地，且沿工作面的推进方向不断延伸扩展。破断的岩层块体周期性地回转与失稳形成岩层块体铰接结构垮落至采空区内，并随工作面的推进不断重复"岩层开裂—岩层破断—块体回转—下沉挤压—结构形成"的循环过程。因此，残煤复采上覆岩层移动变形规律从宏观上分析，其与实体煤开采基本相同。根据前面章节分析可知，空巷的存在使得顶板断裂特征发生了改变，由此引起的上覆岩层移动变形规律在局部范围内存在移动变形突变及变形量较大的现象。

由图 3 – 38 ～ 图 3 – 40 可知，残煤复采综放工作面推进至 17.6 m 时，顶煤已垮，直接顶出现明显的弯曲变形；当工作面推进至 27.3 m 时，直接顶完全垮落，其最大移动距离为 2.8 m；当工作面推进至 33.2 m 时，基本顶初次断裂，其最大移动距离为 2.7 m，此时垮落的顶煤与直接顶的移动量进一步增加，主要由于基本顶断裂后，断裂岩块的垮落对已冒煤矸形成了冲击效应，冒矸被进一步压缩至更为密实的状态。不同层位煤岩体变形差异较大，上部岩层的变形量明显小于下部岩层，这是因为破断岩层失去其本身整体性后破断剪胀堆积在采空区，碎胀效应使得上部岩层的活动空间明显减小，从而使上部厚度较大、强度较高的岩层能够暂时形成铰接结构而控制上覆岩层进一步破断，该岩层自身及其上覆岩层并不完全丧失宏观整体性。如图 3 - 40 所示，测线 V 所在的岩层层位仅出现了变形量较小的离层现象。

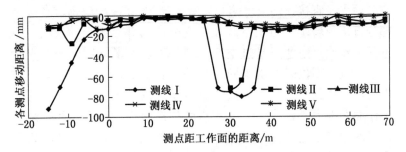

图 3 - 38　工作面推进至 17.6 m 时横向位移
测线 I ~ V 岩层移动曲线

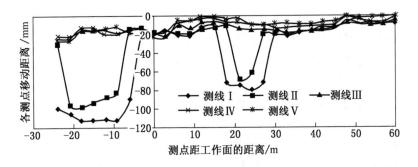

图 3 - 39　工作面推进至 27.3 m 时横向位移测线 I ~ V 岩层移动曲线

由图 3 - 35 可知，空巷至开切眼的距离为 15.9 m，其所处位置小于顶板初次断裂步距，此时矿山压力不明显，所以空巷对各岩层移动变形规律的影响较小。而第一个空区至开切眼的距离为 27.5 m，其所处位置基本处于顶板初次断裂的位置，此

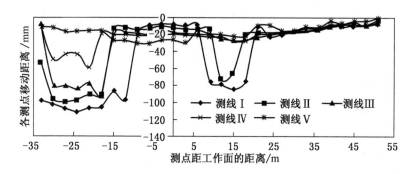

图 3 - 40 工作面推进至 33.2 m 时横向位移测线 Ⅰ ~ Ⅴ 岩层移动曲线

时采场围岩应力基本达到最大值，因此，受超前支承压力的影响，空区顶板超前于煤壁发生离层变形，甚至空区的顶煤及直接顶发生局部冒顶。图 3 - 40 为煤壁前方空区上方各岩层均出现移动变形，表明当工作面揭露空区或工作面与空区之间的煤柱失稳时，顶板以空区前方处于弹塑性状态的煤体为支撑点发生超前于工作面的弯曲变形，此时如若支架工作阻力无法阻止其变形，顶板将发生超前断裂。

图 3 - 41 和图 3 - 42 分别为工作面推进至冒顶区后方（推进方向为前方）和冒顶区前方的煤柱中时各岩层的移动变形曲线。分析图 3 - 41 和图 3 - 42 可知，随着推进距离的增加，采场后方顶板悬露长度增大，上部厚度较大、强度较大的岩层形成暂时处于稳定状态的铰接结构受其上部岩层离层变形的挤压。当铰接点摩擦力无法满足断裂岩块及其上覆岩层施加的载荷时，稳定状态再次转变为失稳状态，铰接岩块出现滑落失稳使得其移动变形量进一步增大。当工作面推进至 69.6 m 时，上部岩层的移动变形量大于下部岩层的移动变形量，说明上部岩层的回转及滑落失稳形成的水平位移较大，甚至大于其垂直位移。

工作面推进至冒顶区后方煤柱中时，由于煤柱失稳致使各岩层在冒顶区前方处于弹塑性状态的煤体发生明显的移动变形，

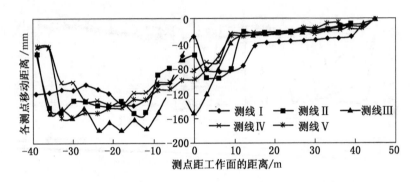

图 3-41　工作面推进至 42.9 m 时横向位移测线 I ~ V 岩层移动曲线

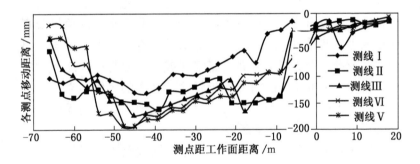

图 3-42　工作面推进至 69.6 m 时横向位移测线 I ~ V 岩层移动曲线

其中测线Ⅲ最为显著。由此表明，煤柱失稳后基本顶形成的悬
臂梁臂长急剧增加，当悬臂长度大于其极限跨距时，顶板沿冒
顶区前方处于弹塑性状态的煤体处发生断裂并回转。基本顶的
断裂回转造成其上覆岩层存在离层变形的活动空间，同样当上
覆岩层悬顶长度大于其极限跨距时发生断裂或离层量增大的现
象，这也是造成超前断裂块体厚度大、跨度长的主要原因。而
直接顶与顶煤受支架支撑，表现出移动变形量较小的假象。当
工作面推进至冒顶区前方煤体中时，超前断裂块体垮落至已冒
矸石上方，由于断裂块度较大使其回转空间相对减小，同时后

方已冒岩层岩块对其挤压力较大，使得其回转角度较小，表现为水平移动量明显减小，这也是图 3-39 中冒顶区上方各岩层移动变形较小的原因。

综合分析图 3-38～图 3-42 可以看出，当工作面推进超过一定距离时，各层位岩层移动变形幅度突然增大，表现为一定的"突变性"，并且移动变形曲线明显形成下沉盆地曲线，但移动变形曲线整体表现为波浪状，且波动幅度变化较大。经分析移动变形幅度突然增大与顶板断裂有关，而移动变形曲线形成的"波浪状"主要是受空巷、空区及冒顶区的影响，顶板岩层断裂形成的断裂岩块块度大小不一致造成的，且空巷跨度越大的区域，各岩层的移动变形曲线波动越大。由此可以认为，空巷的存在对顶板的断裂特征具有显著影响，且空巷宽度不同，顶板断裂特征也不同。由此，残煤复采上覆岩层移动变形规律可以归纳为以下几点：

(1) 受空巷影响，各岩层移动变形的起点均超前于工作面煤壁。当工作面与空巷之间的煤柱失稳时，各岩层以空巷前方处于弹塑性状态的煤体处开始移动变形，且空巷宽度越大，其移动变形幅度越大。

(2) 各岩层移动变形曲线明显形成下沉盆地曲线，但由于断裂岩块块度大小不同，即不具有周期断裂特征，使得下沉盆地曲线整体表现为波动幅度不同的"波浪状"，且空巷宽度越大，其移动变形曲线的波动越大。

(3) 当工作面推进超过一定距离时，受顶板断裂的影响，各层位岩层移动变形幅度突然增大，表现为一定的"突变性"，且空巷宽度越大，岩层移动变形的突变性越明显。

3.4.2.2 三维立体相似模拟研究结果

图 3-43～图 3-45 为三维立体模拟实验工作面过不同宽度的平行空巷时横向位移测线 I、II 上各测点的移动距离变化曲线。分析图 3-43～图 3-45 可知，旧式开采后，空巷顶板均出

现离层变形，空巷宽度为 12 m 时，直接顶发生局部垮塌，且因旧式开采区域支承压力的作用，各巷道之间的煤柱被压缩，使得上覆岩层整体下沉。

同平面应变相似模拟结果相同，宽度为 2.5 m 的空巷对顶板的断裂结构影响较小。当工作面推进至空巷与空区之间的煤柱中时，受超前支承压力的影响，空区顶板超前于煤壁的离层变形量开始增大，甚至空区的直接顶也发生局部冒顶，图 3－44 中煤壁前方空区上方顶板移动变形明显增加，表明当工作面揭露空区或工作面与空区之间的煤柱失稳时，顶板以空区前方处于弹塑性状态的煤体为支撑点发生超前于工作面的弯曲变形，此时若支架工作阻力无法阻止其变形，顶板将发生超前断裂。

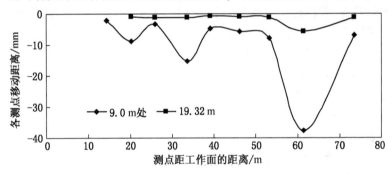

图 3－43　旧采巷道开挖后横向位移测线Ⅰ、Ⅱ岩层移动曲线

图 3－45 为工作面推进至冒顶区后煤柱中时各岩层的移动变形曲线。同平面应变相似模拟实验结果相同，由于煤柱失稳致使冒顶区前方处于弹塑性状态的各岩层在煤体处发生明显的移动变形。由此表明，煤柱失稳后基本顶形成的悬臂梁跨度急剧增加，当悬顶长度大于其极限跨距时，顶板沿冒顶区前方处于弹塑性状态的煤体处发生断裂并回转。而支架上方直接顶岩层的移动变形量较小，这是由于支架提供了较大的支护阻力，使得直接顶丧失了移动变形的空间，从而表现为移动变形量较

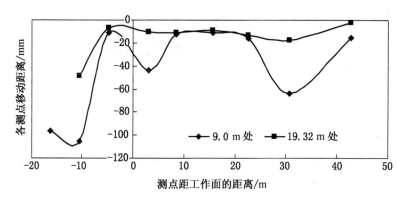

图 3-44 工作面推进 20m 时横向位移测线 Ⅰ、Ⅱ岩层移动曲线

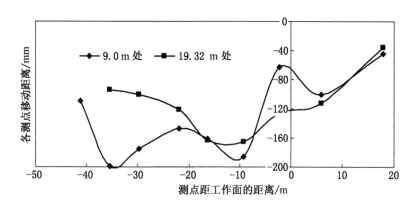

图 3-45 工作面推进 50 m 时横向位移测线 Ⅰ、Ⅱ岩层移动曲线

小的假象。

综合三维立体相似模拟和平面应变相似模拟的结果可以看出，当旧采遗留巷道宽度较小时，只要支架能够提供足够的支护强度与上覆岩层施加的载荷平衡时，采场围岩处于稳定状态；当旧采空巷宽度较大时，由于煤柱失稳，跨度较大的悬臂梁受弯拉和剪拉作用，顶板发生超前断裂几乎是不可控的。由此表明，残煤复采采场中只要存在旧采遗留空巷就必须对其进行采

前处置，以保证采场围岩稳定。

3.4.3 工作面过斜交空巷上覆岩层移动变形规律

图 3-46 ~ 图 3-48 为工作面过不同宽度的斜交空巷时横向位移测线 Ⅰ、Ⅱ 上各测点的移动距离变化曲线。同工作面过与其平行的空巷相同，旧式开采后，空区及空巷顶板均出现离层变形，下沉量分别为 0.37 m 和 0.18 m，且受巷道两侧支承压力的作用，空区及空巷之间的煤柱被压缩，使得上覆岩层整体下沉。

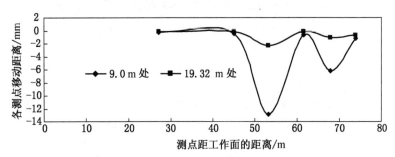

图 3-46 旧采巷道开挖后横向位移测线 Ⅰ、Ⅱ 岩层移动曲线

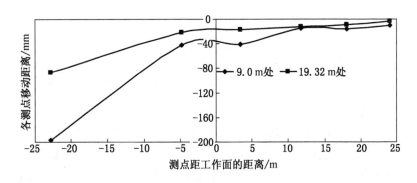

图 3-47 工作面推进 50 m 时横向位移测线 Ⅰ、Ⅱ 岩层移动曲线

当工作面与空区之间的煤柱失稳或揭露空区时，工作面前方顶板移动变形明显增加，表明受工作面超前支承压力的作用，

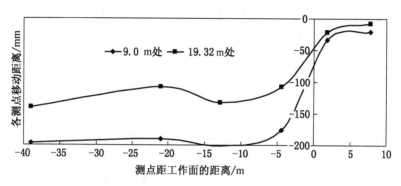

图 3-48 工作面推进 65 m 时横向位移测线 Ⅰ、Ⅱ岩层移动曲线

顶板以空区前方处于弹塑性状态的煤体为支撑点发生超前于工作面的弯曲变形，此时若支架工作阻力无法阻止其变形，顶板将发生超前断裂。而当工作面揭露宽度为 2.5 m 空巷时，未出现顶板超前移动变形，由此表明小断面的空巷对顶板的断裂结构影响较小。

通过对比分析工作面过与之平行和斜交的空巷时采场上覆岩层移动变形规律，可得出如下结论：

（1）当工作面过空区时，受工作面超前支承压力的影响，空区顶板均超前于工作面煤壁开始出现移动变形量突然增加，顶板以空区前方处于弹塑性状态的煤体为支撑点发生超前于工作面的弯曲变形。

（2）当工作面过空巷时，不论是与工作面平行的空巷还是与工作面斜交的空巷，由于巷道宽度较小，空巷对顶板的断裂及受力特征影响较小，空巷顶板均超前于工作面煤壁，移动变形量增加不明显，且相对于平行空巷，斜交空巷的移动变形量较小。

由此可以表明，与平行于工作面的巷道相比，小角度的斜交空巷对上覆岩层移动变形规律的影响较小，其上覆岩层移动变形规律与工作面过平行巷道时基本相同。因此，当工作面过平行空巷时，采用小角度调斜工作面的方式是不科学的，虽然能够减小顶板移动变形量，但从本质上讲，其不会改变上覆岩层的运移规律。

3.5 本章小结

（1）实验结果表明，随着工作面的推进，不同宽度的旧巷、煤柱对岩层结构演化及运移规律的影响存在共性：随着煤层的采出，顶板岩层内产生相应裂隙，大多裂隙呈 50°~90° 范围，并且呈动态变化，表现为岩层开裂产生新裂隙和已产生裂隙扩展变化两种方式，并以两种方式交替出现。导致顶板岩层在垂直方向自下往上形成 4 种特征的岩层区域：垮落岩层区、裂隙贯通岩层区、有裂隙但未贯通岩层区和无裂隙岩层区。

（2）由于空巷宽度不同，直接赋存于煤层之上的岩层裂隙经过产生、扩展、贯通在横向上呈不规律分布。在实验中观测到，空巷宽度不同岩层裂隙产生的位置也不同，分为两种情况：裂隙形成于工作面支架后方及裂隙形成于工作面煤壁前方。

（3）在分析三维立体和平面应变相似模拟实验结果的基础上，建立了残煤复采采场上覆岩层结构——不规则岩层块体传递岩梁结构，并对该结构中的"关键块 B"的破断位置及失稳机理进行了力学分析。

（4）通过三维立体及平面应变相似模拟，分析了残煤复采上覆岩层移动变形规律。研究结果表明：①受空巷影响，各岩层移动变形的起点均超前于工作面煤壁，当工作面与空巷之间的煤柱失稳时，各岩层在空巷前方处于弹塑性状态的煤体处开始移动变形，且空巷宽度越大，其移动变形幅度越大；②各岩层移动变形曲线明显形成下沉盆地曲线，但由于断裂岩块的块度不同，即不具有周期断裂的特征，使得下沉盆地曲线整体表现为波动幅度不同的"波浪状"，且空巷宽度越大，其移动变形曲线的波动越大；③当工作面推进超过一定距离时，受顶板断裂的影响，各层位岩层移动变形幅度突然增大，表现为一定的"突变性"，且空巷宽度越大，岩层移动变形的突变性越明显。

（5）通过对比分析工作面过与之平行和斜交的空巷时采场上覆岩层移动变形规律，认为与平行于工作面的巷道相比，小角度的斜交空巷对上覆岩层移动变形规律的影响较小。因此，当工作面过平行空巷时，采用小角度调斜工作面的方式是不科学的，虽然能够减小顶板移动变形量，但从本质上讲，其不会改变上覆岩层的运移规律。

4 残煤复采采场支承压力
演变及支架围岩相互作用关系

4.1 长壁工作面采场支承压力分布特征及研究意义

4.1.1 支承压力的一般特征及产生机理

长壁开采时，煤层层面上及采空区煤层底板上支承压力分布的一般特征如图 4-1 所示。研究表明，对于长壁采场而言，前方支承压力区对支承压力显现的作用尤为明显，其影响煤壁稳定、支架选型及上覆岩层运动等影响安全生产的多个因素。因此，国内外研究学者采用多种手段针对前方支承压力进行了大量的研究工作，旨在确定前方支承压力的荷重集度、支承压力峰值的位置及其影响范围 3 要素。而影响支承压力 3 要素的因素主要包括两类：①上覆岩层重量及顶板岩梁的运动及破断是引起支承压力及其变化的根本原因，也是决定支承压力荷重集度大小的主要因素；②煤层的强度系数影响支承压力峰值的位置及其影响范围。

支承压力的分布和显现随着顶板岩梁的运动及断裂的发展而明显变化。当顶板断裂后，断裂线前后分为两个应力场，即形成在断裂线后方与工作面煤壁之间由断裂顶板自重所决定的"内应力场"，以及在断裂线前方由上覆岩层重量所决定的"外应力场"，这两个应力场由于产生机理不同而相互独立。

由此，可以根据基本顶断裂前后前方支承压力的变化规律，利用"内外应力场"的理论，推断不同煤层条件下的前方支承

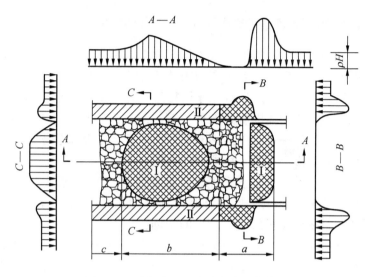

图 4-1　采场支承压力分布的一般特征

压力峰值所在位置、分布范围和顶板岩梁进入新的稳定状态的时间，从而有助于结合实际情况建立采场岩层运动与支承压力分布的动态结构力学模型，作为采场围岩控制研究的基础。基本顶断裂前后支承压力的显现变化主要包括 5 点：①基本顶断裂前后，支承压力的影响范围是支承压力有明显变化的区域；②支承压力显现伴随着基本顶断裂前后压力集中转移发生突变的部位，大致是基本顶断裂位置；③内应力场压力显现强度突变的时刻，预示着基本顶岩梁在采空区触矸的时间；④基本顶岩梁触矸后，内应力场范围压力显现再度回升，预示着基本顶以上岩梁的沉降和压力向内应力场转移，预示着煤层和采空区矸石再压缩过程开始；⑤内应力场范围压力显现停滞，预示着煤层和采空区矸石的再压缩过程已经结束，岩层运动基本停止，内外应力场中的应力都将降低到最小值。

4.1.2 研究长壁采场支承压力分布规律的意义

采场支承压力的形成是由于较软弱煤层被采出后，作用在煤层上的由顶底板岩层夹持作用产生的均布载荷将重新分配，直至达到新的平衡。弄清工作面推进过程中采场支承压力的发展规律是实现采场围岩控制的关键。因此，只要正确地揭示采场支承压力分布就可以预判支承压力显现，以及煤层支承能力的变化与上覆岩层运动发展间的关系。

采场支承压力是随采场的不断推进而不断变化和转移的，采场支承压力分布规律在时间和空间范围中的变化情况是十分复杂的。在残煤复采前受旧采的扰动，煤层中的支承压力已经进行重新分配并达到新的平衡，当残煤复采时，采场支承压力将进行二次分配，直至达到新的平衡。因此残煤复采采场围岩稳定性必然受采场支承压力的影响，使得残煤复采围岩控制难度加大，如煤壁片帮、端面冒漏更加严重，且顶板的运动规律也呈现不规律性，顶板来压剧烈。因此，残煤复采围岩控制要求必须深入研究采场支承压力的分布特点，掌握其分布规律，这样才能准确地预测残煤复采采场矿压显现规律及其特征，从而保证残煤复采的顺利实施。

4.2 采场支承压力分布规律模拟研究

4.2.1 实验设备及测试方案

4.2.1.1 实验设备及测试系统

随着复采工作面向前推移，由于受矿山压力的作用，旧采空区中的残留煤柱及顶底板岩层的应力也会发生变化。为研究残煤复采综放工作面开采煤层及其上覆不同层位岩层的应力分布特征及规律，在煤柱及顶板不同层位岩层中布置应力传感器。不同层位的垂直应力采用微型土压力盒进行测量。应力、应变测量数据采集采用 TST3826－2 型静态应变测试分析仪及计算机自动数据采集系统。

4.2.1.2 测试方案

三维相似模拟实验水平测线共布置 3 条，分别为 A（A_1、A_2）和 B。每条水平测线上垂直布置 5 条测线，模型共布置 110 个压力传感器。压力传感器布置如图 4－2、图 4－3 和图 4－4 所示。处理数据时，将 A_1、A_2 两条测线垂直高度相同的测点取平均值进行分析。

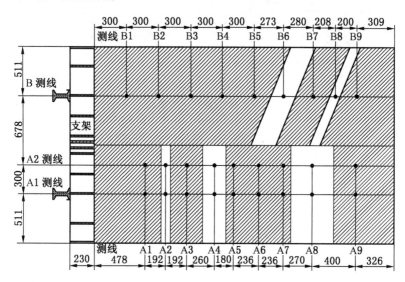

图 4-2　三维相似模拟实验台垂直应力测线

4.2.2 复采工作面采场支承压力演化规律

4.2.2.1 工作面过与之平行空巷时采场支承压力演化规律

图 4-5 ~ 图 4-13 分别为 A 测线上纵向测线 Ⅰ ~ Ⅸ各测点与工作面至该测线的位置关系与支承压力的变化曲线。实验测试数据如下（原岩应力为 6.37 MPa）：

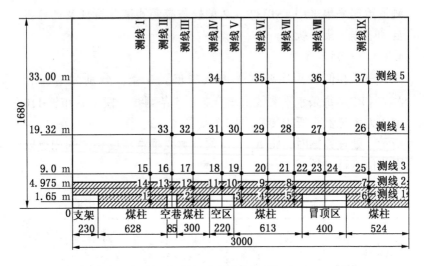

图 4-3 A 测线垂直应力传感器布置

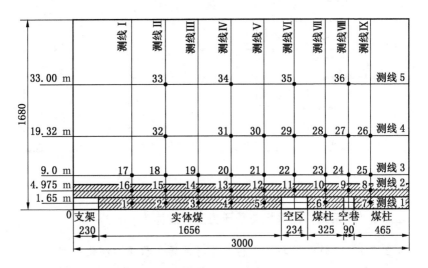

图 4-4 B 测线垂直应力传感器布置

（1）测线 I。各测点应力集中系数 $k_{I \cdot 1} = 2.20$、$k_{I \cdot 14} =$

1.30、$k_{I \cdot 15} = 1.13$，平均 $k_I = 1.54$；各测点支承压力峰值位置距煤壁的距离 $X_{I \cdot 1} = 0.8$ m、$X_{I \cdot 14} = 2.5$ m、$X_{I \cdot 15} = 2.4$ m，平均 $X_I = 1.9$ m；各测点支承压力升高区与煤壁的位置关系 $F_{I \cdot 1} = -1.2 \sim 12$ m、$F_{I \cdot 14} = -2.3 \sim 14$ m、$F_{I \cdot 15} = -2.4 \sim 15$ m，平均 $F_I = -1.97 \sim 13.67$ m。

（2）测线 II。各测点应力集中系数 $k_{II \cdot 13} = 0.74$、$k_{II \cdot 16} = 1.27$、$k_{II \cdot 33} = 1.02$，平均 $k_{II} = 1.01$；各测点支承压力峰值位置距煤壁的距离 $X_{II \cdot 13} = 3.2$ m、$X_{II \cdot 16} = 5.1$ m、$X_{II \cdot 33} = 4.0$ m，平均 $X_{II} = 4.1$ m；各测点支承压力升高区与煤壁的位置关系 $F_{II \cdot 13} = -5.3 \sim 8.2$ m、$F_{II \cdot 16} = -7.1 \sim 17$ m、$F_{II \cdot 33} = 1.2 \sim 20$ m，平均 $F_{II} = -3.7 \sim 15.1$ m。

（3）测线 III。各测点应力集中系数 $k_{III \cdot 2} = 3.61$、$k_{III \cdot 12} = 3.06$、$k_{III \cdot 17} = 1.92$、$k_{III \cdot 32} = 1.84$，平均 $k_{III} = 2.61$；各测点支承压力峰值位置距煤壁的距离 $X_{III \cdot 2} = 0.7$ m、$X_{III \cdot 12} = 2.2$ m、$X_{III \cdot 17} = 2.3$ m、$X_{III \cdot 32} = 5.0$ m，平均 $X_{III} = 2.6$ m；各测点支承压力升高区与煤壁的位置关系 $F_{III \cdot 2} = -2.1 \sim 23$ m、$F_{III \cdot 12} = -2.5 \sim 23.5$ m、$F_{III \cdot 17} = -2.4 \sim 15.2$ m、$F_{III \cdot 32} = -2.3 \sim 14.6$ m，平均 $F_{III} = -2.3 \sim 19.1$ m。

（4）测线 IV。各测点应力集中系数 $k_{IV \cdot 11} = 0.66$、$k_{IV \cdot 18} = 1.63$、$k_{IV \cdot 31} = 1.08$、$k_{IV \cdot 34} = 1.46$，平均 $k_{IV} = 1.21$；各测点支承压力峰值位置距煤壁的距离 $X_{IV \cdot 11} = 7.2$ m、$X_{IV \cdot 18} = 7.1$ m、$X_{IV \cdot 31} = 9.7$ m、$X_{IV \cdot 34} = 7.5$ m，平均 $X_{IV} = 7.9$ m；各测点支承压力升高区与煤壁的位置关系 $F_{IV \cdot 11} = 4.3 \sim 22.5$ m、$F_{IV \cdot 18} = 4.4 \sim 26.5$ m、$F_{IV \cdot 31} = 4.5 \sim 23.5$ m、$F_{IV \cdot 34} = 4.6 \sim 20.0$ m，平均 $F_{IV} = 4.45 \sim 23.13$ m。

（5）测线 V。各测点应力集中系数 $k_{V \cdot 3} = 2.83$、$k_{V \cdot 10} = 3.22$、$k_{V \cdot 19} = 2.35$、$k_{V \cdot 30} = 1.66$，平均 $k_V = 2.52$；各测点支承压力峰值位置距煤壁的距离 $X_{V \cdot 3} = 3.8$ m、$X_{V \cdot 10} = 3.8$ m、$X_{V \cdot 19} = 12.2$ m、$X_{V \cdot 30} = 13.9$ m，平均 $X_V = 8.43$ m；各测点支

承压力升高区与煤壁的位置关系 $F_{V.3} = 0 \sim 27.6$ m、$F_{V.10} = -7.5 \sim 27.8$ m、$F_{V.19} = -11.2 \sim 32.0$ m、$F_{V.30} = -11.0 \sim 31.0$ m，平均 $F_V = -7.43 \sim 29.6$ m。

（6）测线 VI。各测点应力集中系数 $k_{VI.4} = 2.48$、$k_{VI.9} = 1.88$、$k_{VI.20} = 1.82$、$k_{VI.29} = 2.48$、$k_{VI.35} = 1.65$，平均 $k_{VI} = 2.06$；各测点支承压力峰值位置距煤壁的距离 $X_{VI.4} = 10.0$ m、$X_{VI.9} = 9.8$ m、$X_{VI.20} = 19.8$ m、$X_{VI.29} = 10.0$ m、$X_{VI.35} = 10.5$ m，平均 $X_{VI} = 12.02$ m；各测点支承压力升高区与煤壁的位置关系 $F_{VI.4} = 3.6 \sim 34.2$ m、$F_{VI.9} = 0 \sim 33.4$ m、$F_{VI.20} = -3.7 \sim 35.0$ m、$F_{VI.29} = -3.4 \sim 35.0$ m、$F_{VI.35} = -3.8 \sim 27.3$ m，平均 $F_{VI} = -1.46 \sim 33.0$ m。

（7）测线 VII。各测点应力集中系数 $k_{VII.5} = 4.05$、$k_{VII.8} = 4.16$、$k_{VII.21} = 2.07$、$k_{VII.28} = 2.53$，平均 $k_{VII} = 3.20$；各测点支承压力峰值位置距煤壁的距离 $X_{VII.5} = 2.4$ m、$X_{VII.8} = 2.5$ m、$X_{VII.21} = 2.5$ m、$X_{VII.28} = 4.2$ m，平均 $X_{VII} = 2.9$ m；各测点支承压力升高区与煤壁的位置关系 $F_{VII.5} = 0 \sim 36.2$ m、$F_{VII.8} = -0.7 \sim 39.3$ m、$F_{VII.21} = -6.2 \sim 35.0$ m、$F_{VII.28} = -6.4 \sim 35.6$ m，平均 $F_{VII} = -3.33 \sim 36.53$ m。

（8）测线 VIII。各测点应力集中系数 $k_{VIII.23} = 0.27$、$k_{VIII.27} = 1.33$、$k_{VIII.36} = 1.70$，平均 $k_{VIII} = 1.1$；各测点支承压力峰值位置距煤壁的距离 $X_{VIII.23} = 0$ m、$X_{VIII.27} = 10.0$ m、$X_{VIII.36} = 10.0$ m，平均 $X_{VIII} = 6.67$ m；各测点支承压力升高区与煤壁的位置关系 $F_{VIII.23} = 0 \sim 0$ m、$F_{VIII.27} = 2.5 \sim 45.0$ m、$F_{VIII.36} = 0.8 \sim 44.3$ m，平均 $F_{VIII} = 1.1 \sim 29.8$ m。

（9）测线 IX。各测点应力集中系数 $k_{IX.6} = 2.79$、$k_{IX.7} = 3.08$、$k_{IX.25} = 2.67$、$k_{IX.26} = 3.61$、$k_{IX.37} = 2.61$，平均 $k_{IX} = 2.95$；各测点支承压力峰值位置距煤壁的距离 $X_{IX.6} = 10.1$ m、$X_{IX.7} = 10.2$ m、$X_{IX.25} = 10.1$ m、$X_{IX.26} = 10.4$ m、$X_{IX.37} = 10.1$ m，平均 $X_{IX} = 10.18$ m；各测点支承压力升高区与煤壁的

位置关系 $F_{IX\cdot6} = F_{IX\cdot7} = F_{IX\cdot25} = F_{IX\cdot26} = F_{IX\cdot37} = F_{IX} = 0 \sim$ 23.8 m。

根据图4-5~图4-13及对实验测试数据的分析可知，残煤复采采场围岩受两次开采共同作用的影响，不同层位支承压力的分布情况不同，同一层位上不同位置支承压力的峰值及影响范围完全不同。一般情况下岩层层位越高，所需承受的载荷越小，支承压力峰值越小但影响范围较大，而煤层中的支承压力峰值较大但影响范围较小。

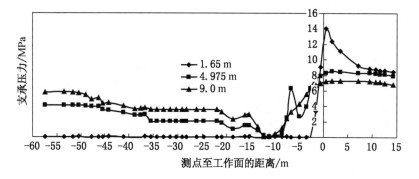

图4-5 纵向测线Ⅰ上1、14和15测点支承压力变化曲线

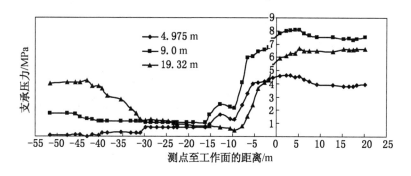

图4-6 纵向测线Ⅱ上13、16和33测点支承压力变化曲线

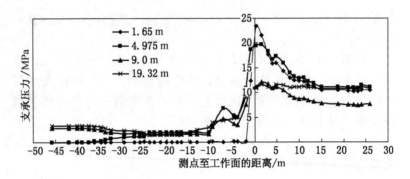

图 4-7　纵向测线Ⅲ上 2、12、17 和 32 测点支承压力变化曲线

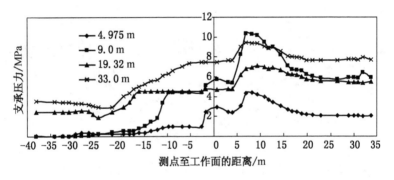

图 4-8　纵向测线Ⅳ上 11、18、31 和 34 测点支承压力变化曲线

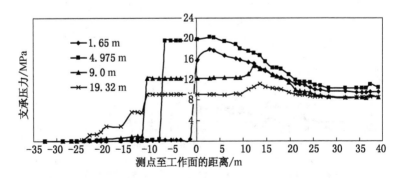

图 4-9　纵向测线Ⅴ上 3、10、19 和 30 测点支承压力变化曲线

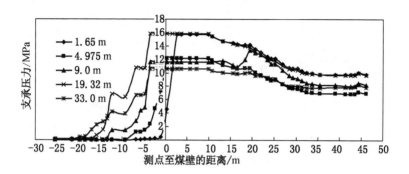

图 4 - 10 纵向测线 Ⅵ 上 4、9、20、29 和 35 测点支承压力变化曲线

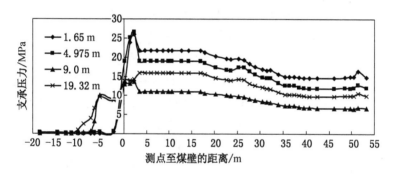

图 4 - 11 纵向测线 Ⅶ 上 5、8、21 和 28 测点支承压力变化曲线

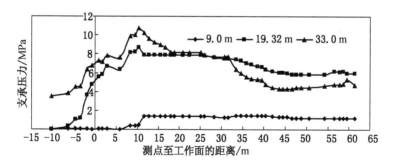

图 4 - 12 纵向测线 Ⅷ 上 23、27 和 36 测点支承压力变化曲线

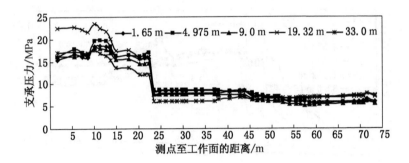

图 4-13　纵向测线Ⅸ上 6、7、25、26 和 37 测点支承压力变化曲线

对于残煤复采而言，不同的煤岩赋存，其支承压力的分布也不同，几乎没有什么规律可言。由实验测试数据可以看出，各纵向测线上的支承压力峰值呈现的主要规律是：煤柱及其上覆岩梁层中的支承压力峰值较高，而空巷上覆岩梁层中的支承压力峰值较低，甚至小于原岩应力的支承压力峰值。纵向测线 Ⅰ~Ⅸ 各岩梁层中的平均应力集中系数大小为：$k_{Ⅶ} > k_{Ⅸ} > k_{Ⅲ} > k_{Ⅴ} > k_{Ⅵ} > k_{Ⅰ} > k_{Ⅳ} > k_{Ⅷ} > k_{Ⅱ}$，由此可以说明，空巷宽度与支承压力峰值成正比关系，且工作面进入空巷前的支承压力峰值大于出空巷时的支承压力峰值。当工作面推进至测线 Ⅵ 和 Ⅶ 之间时，支架的工作阻力达到最大值，这说明支承压力的大小直接影响支架所需支护强度的大小。从各测线支承压力升高区与煤壁的位置关系可以看出，测线 Ⅵ 位于工作面后方时，其支承压力仍保持较高值，表明受空巷的影响，顶板的断裂结构发生了改变，使得支架上方各岩梁层中的应力值较大，迫使支架的支护强度升高。

由上述分析可知，影响残煤复采采场支承压力分布的主要因素是煤柱、空巷与工作面的相对位置关系及空巷宽度。这充分说明了煤柱与空巷的存在改变了顶板的运动规律，而顶板的运动直接影响支承压力的大小及其分布特征。

4.2.2.2 工作面过与之斜交空巷时采场支承压力演化规律

图 4 – 14 ~ 图 4 – 19 分别为 B 测线上纵向测线 Ⅳ ~ Ⅸ 各测点与工作面至该测线的位置关系与支承压力的变化曲线。实验测试数据如下：

(1) 测线 Ⅳ。各测点应力集中系数 $k_{Ⅳ·4} = 3.11$、$k_{Ⅳ·13} = 2.95$、$k_{Ⅳ·20} = 3.08$、$k_{Ⅳ·31} = 2.70$、$k_{Ⅳ·34} = 1.57$，平均 $k_{Ⅳ} = 2.68$；各测点支承压力峰值位置距煤壁的距离 $X_{Ⅳ·4} = 1.5$ m、$X_{Ⅳ·13} = 1.3$ m、$X_{Ⅳ·20} = 1.2$ m、$X_{Ⅳ·31} = 0.7$ m、$X_{Ⅳ·34} = 0.8$ m，平均 $X_{Ⅳ} = 1.1$ m；各测点支承压力升高区与煤壁的位置关系 $F_{Ⅳ·4} = 0 ~ 23.4$ m、$F_{Ⅳ·13} = 0 ~ 25.0$ m、$F_{Ⅳ·20} = -7.5 ~ 23.0$ m、$F_{Ⅳ·31} = -12.5 ~ 25.0$ m、$F_{Ⅳ·34} = -10.3 ~ 22.5$ m，平均 $F_{Ⅳ} = -6.1 ~ 23.8$ m。

(2) 测线 Ⅴ。各测点应力集中系数 $k_{Ⅴ·5} = 4.16$、$k_{Ⅴ·12} = 3.89$、$k_{Ⅴ·21} = 3.53$、$k_{Ⅴ·30} = 1.88$，平均 $k_{Ⅴ} = 3.37$；各测点支承压力峰值位置距煤壁的距离 $X_{Ⅴ·5} = 5.0$ m、$X_{Ⅴ·12} = 4.9$ m、$X_{Ⅴ·21} = 4.9$ m、$X_{Ⅴ·30} = 6.2$ m，平均 $X_{Ⅴ} = 5.3$ m；各测点支承压力升高区与煤壁的位置关系 $F_{Ⅴ·5} = 0 ~ 32.7$ m、$F_{Ⅴ·12} = 0 ~ 31.5$ m、$F_{Ⅴ·21} = -0.6 ~ 31.2$ m、$F_{Ⅴ·30} = -3.8 ~ 34.2$ m，平均 $F_{Ⅴ} = -1.1 ~ 32.4$ m。

(3) 测线 Ⅵ。各测点应力集中系数 $k_{Ⅵ·11} = 0.29$、$k_{Ⅵ·22} = 1.37$、$k_{Ⅵ·29} = 1.57$、$k_{Ⅵ·35} = 1.52$，平均 $k_{Ⅵ} = 1.19$；各测点支承压力峰值位置距煤壁的距离 $X_{Ⅵ·11} = 25.0$ m、$X_{Ⅵ·22} = 12.5$ m、$X_{Ⅵ·29} = 12.5$ m、$X_{Ⅵ·35} = 12.5$ m，平均 $X_{Ⅵ} = 15.6$ m；各测点支承压力升高区与煤壁的位置关系 $F_{Ⅵ·11} = 0 ~ 0$ m、$F_{Ⅵ·22} = 11.2 ~ 17.6$ m、$F_{Ⅵ·29} = 6.5 ~ 26.4$ m、$F_{Ⅵ·35} = 1.5 ~ 15.0$ m，平均 $F_{Ⅵ} = 4.8 ~ 14.75$ m。

(4) 测线 Ⅶ。各测点应力集中系数 $k_{Ⅶ·6} = 4.71$、$k_{Ⅶ·10} = 5.02$、$k_{Ⅶ·23} = 3.27$、$k_{Ⅶ·28} = 2.04$，平均 $k_{Ⅶ} = 3.76$；各测点支承压力峰值位置距煤壁的距离 $X_{Ⅶ·6} = 10.2$ m、$X_{Ⅶ·10} = 10.0$ m、

$X_{Ⅶ.23} = 10.6$ m、$X_{Ⅶ.28} = 10.5$ m，平均 $X_Ⅶ = 10.3$ m；各测点支承压力升高区与煤壁的位置关系 $F_{Ⅶ.6} = 1.2 \sim 43.2$ m、$F_{Ⅶ.10} = 1.2 \sim 42.5$ m、$F_{Ⅶ.23} = -2.1 \sim 25.0$ m、$F_{Ⅶ.28} = -2.3 \sim 18.0$ m，平均 $F_Ⅶ = -0.5 \sim 32.2$ m。

（5）测线Ⅷ。各测点应力集中系数 $k_{Ⅷ.9} = 2.67$、$k_{Ⅷ.24} = 1.76$、$k_{Ⅷ.27} = 2.58$、$k_{Ⅷ.36} = 2.31$，平均 $k_Ⅷ = 2.33$；各测点支承压力峰值位置距煤壁的距离 $X_{Ⅷ.9} = 7.2$ m、$X_{Ⅷ.24} = 7.0$ m、$X_{Ⅷ.27} = 7.2$ m、$X_{Ⅷ.36} = 7.2$ m，平均 $X_Ⅷ = 7.15$ m；各测点支承压力升高区与煤壁的位置关系 $F_{Ⅷ.9} = 4.9 \sim 31.5$ m、$F_{Ⅷ.24} = 1.6 \sim 32.0$ m、$F_{Ⅷ.27} = -5.0 \sim 32.5$ m、$F_{Ⅷ.36} = -5.0 \sim 40.0$ m，平均 $F_Ⅷ = -0.88 \sim 34.0$ m。

（6）测线Ⅸ。各测点应力集中系数 $k_{Ⅸ.7} = 3.64$、$k_{Ⅸ.8} = 4.14$、$k_{Ⅸ.25} = 3.27$、$k_{Ⅸ.26} = 2.75$，平均 $k_Ⅸ = 3.45$；各测点支承压力峰值位置距煤壁的距离 $X_{Ⅸ.7} = 6.2$ m、$X_{Ⅸ.8} = 6.2$ m、$X_{Ⅸ.25} = 6.2$ m、$X_{Ⅸ.26} = 12.2$ m，平均 $X_Ⅸ = 7.7$ m；各测点支承压力升高区与煤壁的位置关系 $F_{Ⅸ.7} = F_{Ⅸ.8} = F_{Ⅸ.25} = F_{Ⅸ.26} = F_Ⅸ = 0 \sim 35$ m。

由图 4-14~图 4-19 及对实验测试数据的分析可知，由于各测线的煤岩赋存不同，其支承压力的分布规律也不同。测线Ⅳ~Ⅸ的支承压力峰值大小排序为：$k_Ⅶ > k_Ⅸ > k_Ⅴ > k_Ⅳ > k_Ⅷ > k_Ⅵ$。这表明，空区与空巷之间煤柱中的支承压力峰值最大且影响范围也较大。当工作面推进至空区与空巷之间的煤柱内时，支架的工作阻力最大。从各测线支承压力增高区与煤壁的位置关系可以看出，支承压力增高区的范围与工作面过平行空巷时不同，当各测线位于煤壁后方时，其支承压力均明显下降，且当工作面推进至测线Ⅶ后方约 1 m 时，工作面前方支承压力峰值明显向前方转移，说明煤柱中的支承压力峰值较大，使得随着煤柱宽度的减小而逐步失稳。

综上所述，工作面过与之斜交的空巷时，影响残煤复采采场支承压力分布的主要因素与工作面过与之平行的空巷时的影响因素相同，即煤柱及空巷与工作面煤壁的相对位置关系及空巷宽度。与工作面斜交的空巷（相似模拟实验中斜交空巷与工作面呈16°）两侧及空巷中的纵向测线各层位测点的应力变化规律，与平行于工作面的空巷及其两侧的纵向测线各层位的应力变化规律基本相同，只是在应力集中系数及其影响范围略有差异，这与相邻空巷及煤柱的影响有关。由此可以表明，与工作面平行或小角度斜交的空巷对顶板的运动影响基本相同，因此其对支承压力分布的影响也基本相同。

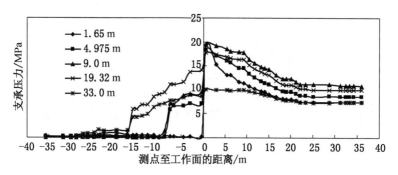

图 4-14 纵向测线Ⅳ上 4、13、20、31 和 34 测点支承压力变化曲线

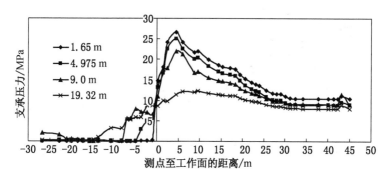

图 4-15 纵向测线Ⅴ上 5、12、21 和 30 测点支承压力变化曲线

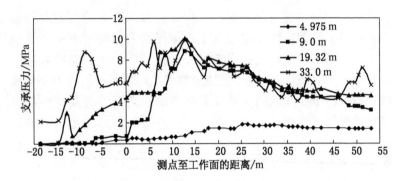

图 4-16   纵向测线 Ⅵ 上 11、22、29 和 35 测点支承压力变化曲线

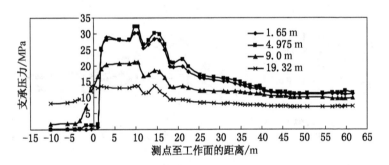

图 4-17   纵向测线 Ⅶ 上 6、10、23 和 28 测点支承压力变化曲线

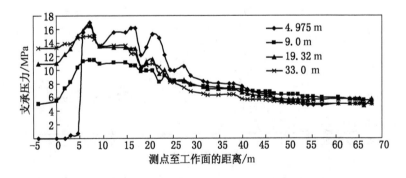

图 4-18   纵向测线 Ⅷ 上 9、24、27 和 36 测点支承压力变化曲线

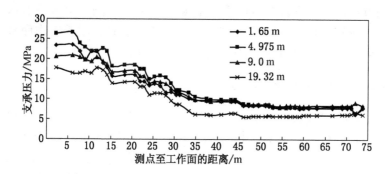

图 4-19 纵向测线Ⅸ上 7、8、25 和 26 测点支承压力变化曲线

对于与工作面垂直或大角度斜交的空巷，我国学者已做了大量理论研究并进行了现场实测，同时提出了多种工作面过垂直及斜交空巷的围岩控制方案。研究结果表明：工作面过垂直或大角度斜交的空巷形成的支承压力分布只会影响空巷自身的稳定性，并不会对整个采场顶板的运动及断裂结构产生影响。因此，作者重点研究与工作面平行或小角度斜交的空巷对残煤复采围岩控制的影响，包括围岩应力分布、支架工作阻力确定及围岩控制方案等。

4.3 支承压力分布对支承压力显现的影响

支承压力显现具体表现为工作面煤壁片帮、端面冒漏、底板鼓起，以及上覆岩层运动及断裂等。对于存在垂直或大角度斜交于工作面的旧采空巷时，与实体煤开采相比，其支承压力的显现增加了空巷围岩变形及巷道片帮、冒顶等现象。由前文分析可知，复采工作面过与其垂直或斜交的空巷时，其对支承压力的分布及显现影响较小。对于残煤复采综放工作面过与其平行或小角度斜交的空巷时，工作面前方的支承压力主要分为两部分：①工作面煤壁至空巷巷帮之间由顶板弯曲变形或断裂引起的煤柱区应力场，可以近似地等效为"内应力场"；②空巷前方煤体由上覆岩层整体重量引起的超前应力场，也就是所谓的"外应力场"。由于这两个应力场的存在，使得复采工作面采场前方支承压力的分布规律与实体煤开采时有所不同。

4.3.1 前方支承压力及其显现的一般特征

上覆岩层重量及顶板岩梁的运动、破断是引起支承压力及其变化的根本原因。根据采场上覆岩层岩梁结构的"砌体梁"力学模型，在工作面前方支承压力影响范围内，煤层中距煤壁 x 处单位面积上承受的支承压力 σ_z 可以近似地看成是上覆岩梁在该处作用力的总和，即

$$\sigma_z = \sum_1^n m_i \gamma_i + \sum_1^n m_i \gamma_i L_i C_{ix} \qquad (4-1)$$

式中　σ_z——距煤壁 x 处煤层上的支承压力，MPa；

　　　n——直接作用于该处的岩层岩梁数目；

　　　m_i——各岩层岩梁厚度，m；

　　　γ_i——各岩层岩梁的平均容重，kg/m^3；

　　　L_i——各岩层岩梁跨度，m；

　　　C_{ix}——各岩层岩梁传递至该处的重量比例。

由式（4-1）可以看出，工作面前方各处的支承压力可以看成是由直接顶岩梁的单位重量及直接顶上覆岩梁悬跨部分传递至该处的作用力组成的。

工作面前方煤层及各岩梁层的支承压力可以运用计算挠曲岩梁基础反力（即支承压力）的文克尔假设进行计算，即借用弹性理论中带状载荷在半无限弹性板中的传播理论。采场各岩梁层的支承压力计算公式如下。

（1）弯曲下沉带在工作面前方形成的支承压力为

$$\sigma_{y1} = \gamma H_1 \left[1 + \left(\frac{\beta_1}{\beta_2} \right)^2 e^{-\beta_1 x} \left(\cos\beta_1 x - \frac{\beta_1 - \beta_2}{\beta_1 + \beta_2} \sin\beta_1 x \right) \right]$$

$$(4-2)$$

$$\beta_1 = \left(\frac{K_1}{4E_1J_1}\right)^{1/4}$$

$$\beta_2 = \left(\frac{K_2}{E_1J_1}\right)^{1/4}$$

式中　　　γ——岩石容重；

H_1——弯曲下沉带岩层厚度；

β_1、β_2——应力衰减系数；

K_1、K_2——煤壁前后地基系数；

E_1J_1——弯曲下沉带承载层的抗弯刚度。

（2）裂缝带和垮落带在工作面前方形成的支承压力为

$$\sigma_{y2} = 2\beta_3 \left[P_0 \cos\beta_3 x - \beta_3 M_0 (\cos\beta_3 x - \sin\beta_3 x) \right] e^{-\beta_3 x}$$

$$(4-3)$$

$$\beta_3 = \left(\frac{K_2}{4E_2J_2}\right)^{1/4}$$

$$P_0 = \gamma H_2 L_2 K_p$$

$$M_0 = \frac{1}{2}\gamma H_2 L_2^2 K_p$$

式中　　　β_3——相应应力衰减系数；

P_0——采空区裂缝带或垮落带岩层对煤层上方相应位
置岩层形成的附加载荷；

M_0——与 P_0 对应的附加弯矩；

K_p——表征岩层运动状态的系数，取 0.25～1；

H_2——裂缝带或垮落带岩层厚度；

L_2——裂缝岩层厚度；

E_2J_2——裂缝带或垮落带的承载层抗弯刚度。

（3）煤层平面的支承压力是上位支承压力沿深度向煤层扩散衰减后叠加的结果，即

$$\sigma_y = \sum_{j=1}^{n_1} \sigma_{y1j} + \sum_{j=1}^{n_2} \sigma_{y2j} + \sigma_{yc} + \gamma H \qquad (4-4)$$

式中　σ_{y1j}、σ_{y2j}——弯曲下沉带、裂缝带在煤层平面形成的附加支承压力；

　　　　n_1——弯曲下沉带承载层数；

　　　　n_2——裂缝带承载层数；

　　　　σ_{yc}——基本顶和直接顶在煤层平面形成的附加支承压力；

　　　　γH——上覆岩层压力。

各上覆岩层强度及其发展运动特征决定了作用到煤岩体上的岩梁数。由于煤壁塑性区的存在，根据煤层强度的不同，作用到煤层不同部位的岩梁数也不同。由图 4 - 20 可知（未考虑支架的切顶作用），S_1 区域的支承压力主要是由岩梁 m_1 和 m_2 传递到该区域的重量比例所决定的；S_2 区域的支承压力则由其上覆所有岩层传递到该区域的重量比例决定。而各岩梁传递到煤层各区域的重量比例与该处的煤层强度和上覆岩梁自身强度及其断裂结构有关。

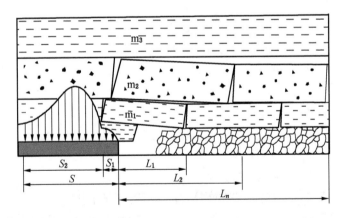

图 4 - 20　上覆岩层运动状态与支承压力分布

支承压力显现必然是支承压力作用的结果，但支承压力显现不一定完全由支承压力来决定。这也是改变支承压力显现的理论所在，也是研究支承压力分布规律的现实意义和目的。只有弄清采场支承压力的分布规律，才有可能采取合理的围岩控制方案来改变或减弱支承压力显现的范围和强度。

综上所述，了解采场围岩的运动和破坏的发展过程就有可能掌握采场围岩的支承压力分布及其显现规律。反过来，只要能够正确地认识采场的支承压力分布及其显现与上覆岩层运动的关系，就能够由压力显现规律来判断上覆岩层的运动规律及其来压特征。

4.3.2 残煤复采综放工作面推进过程中支承压力发展规律

根据对残煤复采采场煤壁前方支承压力分布规律的研究，由于采场顶板岩梁的运动（离层、变形等）引起了工作面前方煤柱及空巷前方煤体中的支承压力急剧增大，并由此引起了煤柱及空巷前方煤体上方各岩层的支承压力升高。受空巷影响，其两侧煤体中形成支承压力增高区，残煤复采与实体煤开采采场煤壁前方"内外应力场"的支承压力分布对比如图 4 – 21 所示。

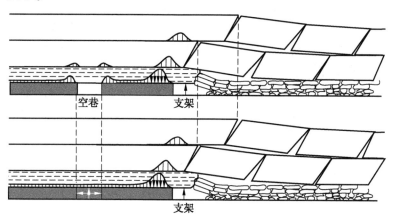

图 4 – 21 前方"内外应力场"支承压力分布对比示意图

研究表明，残煤复采综放工作面过与其平行或小角度斜交的空巷时，支承压力及其显现的发展过程可以划分为3个阶段。

第一阶段：煤柱中工作面前方支承压力和空巷巷帮支承压力相互独立阶段（支承应力分布形态为不对称"马鞍形"）。

煤柱与空巷的存在是造成残煤复采采场前方支承压力不同于实体煤开采的主要原因。当煤柱宽度较大时，即煤柱宽度远大于其失稳的临界宽度时，空巷前、后方（工作面推进方向为前方）煤柱中形成了荷重集度较低且影响范围较小的支承压力升高区与工作面前方支承压力升高区相互独立。工作面前方支承应力分布形态为不对称的"马鞍形"，其中，采场侧支承压力分布范围较空巷侧大，两峰值均小于煤层的极限强度，随着工作面的推进，工作面前方支承压力随着顶板岩梁的周期性破断而呈周期性变化。煤柱上方各层顶板岩梁中的支承压力也随着其自身的周期性运动而呈周期性变化和转移，直至进入支承压力显现和发展过程的第二阶段。

当空巷侧和采场侧的支承压力相互独立时，采场侧支承压力的发展变化不受空巷侧支承压力的影响，其周期性的发展规律主要体现为以下两个过程的交替出现。

（1）支承压力缓和变化的过程。该过程是指从顶板岩梁上一次断裂运动结束到再次断裂之前。由于顶板断裂运动结束后，顶板岩梁在煤壁后方的悬露长度突然缩短，甚至其断裂线延伸至煤壁前方。而此时断裂后的岩梁自重载荷主要由铰接点的摩擦力和矸石的反作用力平衡，此时工作面前方支承压力的荷重集度及其影响范围均达到最小值。随着工作面的推进，悬顶长度逐渐增大，其作用到煤层中的支承压力及其影响范围逐步增大，直至该岩梁悬顶长度达到其周期断裂步距之前达到最大值。在此过程中，支承压力的大小及其显现的变化呈现渐变性和缓和性。

（2）支承压力显著变化的过程。该过程是指煤层上方顶板岩梁的悬露长度达到其周期断裂步距至其断裂运动结束。该过程主要表现为各层岩梁的支承压力出现急剧变化，主要包括：岩梁断裂前，在断裂部位支承压力的荷重集度达到最大值（图 4-22 曲线 1）；岩梁断裂时，在断裂部位支承压力的荷重集度急剧下降并迅速向岩梁的断裂线前方转移。而随着工作面继续推进，顶板的回转压力使得各岩梁的支承压力向煤壁前方转移，当顶板触矸或形成铰接岩梁后，断裂岩梁 m_1 和 m_2 的重力主要与其前方块度的铰接摩擦力、支架的支撑力和矸石的反作用力平衡，此时工作面前方各岩梁层的支承压力降至最小值（图 4-22 曲线 2），从而进入下一个支承压力缓和变化的过程。

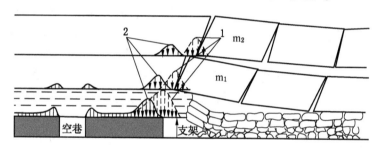

图 4-22 顶板岩梁断裂前后工作面前方支承压力分布规律示意图

第二阶段：煤柱中工作面前方支承压力和空巷巷帮支承压力相互影响阶段（支承应力分布形态为"平台形"）。

进入此阶段后，当煤柱宽度随着工作面的推进不断减小时，煤柱两侧的支承压力叠加，由于煤柱两侧开挖空间的不对称性，在煤柱中会形成不对称"平台形"应力分布，其中煤柱核区应力最大且等于煤柱极限强度。当煤柱尺寸随回采变小时，煤柱逐渐进入弹性阶段，煤柱的静载荷集度等于煤柱强度，其中煤柱的临界宽度可按式（3-32）进行计算。

随着工作面继续推进，作用在煤柱上的支承应力继续增大，当煤柱宽度小于其临界宽度 W^* 时，煤柱开始压缩变形。此时，煤柱上方顶板随煤柱变形而下沉，离层加大。需要注意的是，尽管煤柱发生压缩变形，煤柱并未完全失稳，煤柱对上覆岩层仍有支撑作用，这种支撑作用对顶板下沉起到"限位"的作用。因此，离层向前发展受煤柱变形量的控制，也会随煤柱变形加大而进一步扩展。离层向前发展程度和煤柱变形量有关。由于煤柱两侧所受支承应力大小不同，煤柱变形后呈倒梯形状态，靠近工作面一侧压缩变形严重。

煤柱压缩变形的过程正是工作面支承应力转移的过程，图 4-23 曲线 1 为煤柱变形前煤柱及顶板岩梁的支承压力分布。随着煤柱"让压—限位"的循环交替，使得顶板岩梁 n_1 的弯曲下沉量逐步增大且与岩梁 n_2 之间出现离层，各岩梁原支承压力区向前方转移，且由于顶梁弯曲和离层的作用使得各岩梁的支承压力荷重集度和影响范围同时增大并向空巷前方转移（图 4-23 曲线 3 向曲线 4 变化的过程）。随着工作面的推进，煤柱宽度减小且增加弯曲顶梁的附加荷载，煤柱中的支承压力荷重集度也逐步增大，如图 4-23 曲线 2 所示。煤柱、空巷前方煤体及其上方顶板岩梁中的支承压力将随工作面的推进，其荷重集度将进一步增大，直至顶板岩梁断裂之前达到最大值。

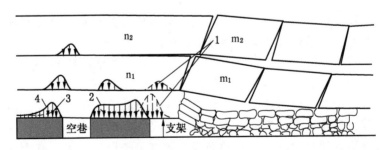

图 4-23　工作面前方各岩梁层支承压力的变化和转移过程示意图

第三阶段：煤柱中工作面前方支承压力和空巷巷帮支承压力完全叠加阶段（支承应力分布形态为"孤峰形"）。

随着煤柱继续回采，煤柱宽度 W 小于临界宽度 W^*，两侧支承压力区完全叠加，煤柱核区支承压力大于煤柱极限强度，煤柱中支承压力分布形态为不对称"孤峰形"。在此阶段，支承压力的分布及其显现随着煤柱的失稳及顶板岩梁的运动而发生明显变化。

岩梁断裂之前，各岩梁支承压力荷重集度峰值的连线可以视为顶板岩梁的断裂线，也就是说在顶板岩梁断裂线附近存在支承压力集中。这是从支承压力方面分析残煤复采综放工作面发生超前断裂的机理。岩梁断裂时，在断裂部位支承压力的荷重集度急剧下降并迅速向岩梁的断裂线两侧转移，此时支承压力分布明显分为两个应力场。随着工作面继续推进及岩梁回转，使得"内应力场"中的支承压力逐步向空巷前方煤体及后方冒矸方向转移。由于空巷的存在，将工作面前方煤层中的"内应力场"又分为两部分：一部分在空巷煤壁及断裂线之间由断裂岩梁传递到该处的重量比例所决定，该支承压力随工作面的推进，当顶板岩块 m_1 回转触矸或滑落失稳后压力峰值降至最低值；另一部分在煤柱中由断裂岩梁传递到煤柱上的重量比例所决定，根据煤柱位置不同，上部断裂岩梁传递到该区域的重量比例也不同，当煤柱位于岩梁 m_1 中部时达到最大值，而后随着工作面的推进，顶板触矸后开始缓慢下降。这就是残煤复采与实体煤开采的不同之处，也是影响采场围岩及支架稳定性的关键，所以在残煤复采时，必须避免煤柱支承压力的存在，也就是说必须防止顶板出现超前断裂。而"外应力场"中的支承压力随着工作面的推进向空巷前方扩展，直到煤体的支承能力与压力高峰的作用相抗衡时进入新的稳定状态。此阶段煤岩梁支承压力分布如图 4 - 24 所示。

对应于煤柱、前方煤体，以及各岩梁层支承压力分布的急剧变化，支承压力显现也将出现剧烈变化，其变化的发展过程与支承压力分布变化的趋势相同。支承压力显现主要包括在岩

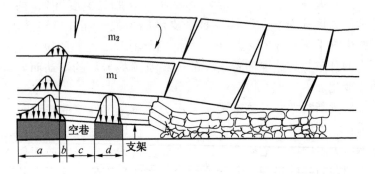

图4-24 工作面前方各岩梁支承压力分布示意图

梁断裂部位压力强化时刻的煤壁片帮及围岩移近量增加、煤柱迅速失稳形成煤壁片帮，甚至形成"煤爆"和煤柱两侧底板底鼓等。这些明显的现象是预测残煤复采顶板来压的重要依据，也是推断支承压力分布及压力高峰转移位置的重要依据。

4.4 采场支架—围岩相互作用关系

工作面支架与围岩相互作用关系是采场围岩控制理论中的重要组成部分，选择合理的支架架型及其支护参数能够有效地控制围岩结构并保证采场安全。由推进方向分析，采场上覆岩层断裂结构形成的载荷是由工作面前方煤壁——支架——采空区冒矸组成的支撑体系所平衡的。由于工作面不断向前推移使得断裂顶板的回转不可控，在支架与围岩组成的力学平衡体系中，顶板岩梁运动及其产生的附加载荷占主导地位。因此，掌握围岩运动状态是考虑支架结构及其性能的关键，但残煤复采围岩运动存在极大的不规律性，所以在研究支架围岩的相互作用关系时，必须分析极端条件下支架的性能、结构及支架工作阻力对围岩运动的影响。

4.4.1 直接顶和顶煤的力学性态分析

4.4.1.1 直接顶的力学性态

直接顶是由具有一定强度且能随着工作面推进而自行垮落，并承担基本顶及其上覆岩层载荷的一组岩梁层组成的，并且是将其承担的载荷及自重向顶煤及支架传递的媒介。因此直接顶对顶煤及支架具有媒介和载荷的双重作用。

1. 直接顶结构的主要类型

研究及测试结果表明：如果煤层上覆岩层厚度、强度和变形能力变化不大，直接顶的冒落高度与煤层开采高度呈近似正比的关系。因此综放开采时直接顶的冒高成倍增加，一般可达采高的 1.5 ~ 2.5 倍。由于直接顶冒高增加使得基本顶断裂形成的"砌体梁"结构的位置离采场较远，同时考虑顶煤的缓冲作用，因而整装实体煤放顶煤开采时，采场的矿压显现一般不明显。而直接顶的周期性活动说明其受开采扰动及基本顶的作用挤压后形成了一种具有自承能力的"小结构"。我国学者张顶立、钱鸣高等依据现场实测结合直接顶的特性提出了直接顶形成的"小结构"为"半拱"式结构，该结构与"砌体梁"结构相结合，共同构成了综放采场顶板岩梁的基本形式。"半拱"结构和"砌体梁"结构之间是相互作用和相互影响的，也就是说直接顶结构失稳易引发基本顶来压，而基本顶来压又促使直接顶结构失稳，从而增加支架的载荷。

由于煤层及开采条件不同，直接顶形成的"半拱"式结构的表现形式和载荷特征随煤层及开采条件的变化而呈现不同的特征。由此，综放工作面直接顶的"半拱"式结构的基本分类如下。

1)"散体拱"结构

当煤层的硬度系数较小（$f<1$）且直接顶的冒高达采高的 3 倍以上时，在直接顶岩层中可形成"压力拱"结构，其特点是

具有散体介质的属性。这种"压力拱"随着工作面的推进而不断形成和失稳，从而形成了由直接顶运动引起的支架受力的周期性变化。

2）"桥拱"结构

受基本顶断裂回转挤压及超前支承压力的作用，较为坚硬的直接顶岩层中形成大量裂隙或遭到破坏时，破坏后的直接顶岩块由于相互挤压形成了半拱式结构，由于断裂岩块挤压，这种结构类似于桥拱状，所以称为桥拱结构。桥拱结构本身是一种自承能力比较好的结构，因此其形成与失稳也具有一定的规律性。但其稳定性受开采高度的影响较大，随着采高的增加，该结构的稳定性降低；当采高较小时，该结构也就是砌体梁结构，其稳定性较好。

随着工作面的推进，桥拱结构的跨度会经历"增大——减小——再增大"的循环运动规律。"增大——减小"的过程就是桥拱结构的失稳来压过程。虽然桥拱结构会出现周期性失稳造成采场来压，但由于断裂岩块的块度较小且失稳时结构的跨度不大，使失稳来压很不明显。

3）复合梁结构

研究结果表明，由于煤层上覆岩层岩性、节理裂隙发育程度及受力状态不同，其垮落特征体现为分层垮落。由于回采高度较大，下部岩层垮落后岩块以不规则的形态垮落后，由于其碎胀系数较大，所以堆积高度较大。当上部岩层垮落后，由于其回转空间较小，垮落岩块基本沿水平铺设至下部岩层垮落岩体之上，且垮落岩块在水平方向存在铰接摩擦力的联系，从而形成多岩梁组合而成的临时性结构，该结构称为复合梁结构。随着工作面的推进，该结构最终都将发生失稳而垮落，并将其载荷作用于支架，即造成直接顶来压。

2. 直接顶力学性态分析

根据对直接顶结构的分类，结合煤岩赋存及受力特征，认为支架上方直接顶结构以桥拱或复合梁结构为主。上述两种结构作为媒介向顶煤及支架传递基本顶载荷的效果与其刚度大小有直接关系。若直接顶处于弹性变形状态，则其刚度 k_{ri} 可以表示为

$$k_{ri} = \frac{1}{\sum\limits_{i=1}^{n} \dfrac{h_{ri}}{E_{ri}}} \qquad (4-5)$$

式中　h_{ri}——直接顶岩层各分层的厚度，m;

　　　E_{ri}——直接顶岩层各分层的弹性模量，kPa。

由式（4-5）可知，直接顶岩层各分层的刚度与其弹性模量成正比，与其厚度成反比。显然，当直接顶总厚度较小而其弹性模量较大时，其刚度远大于顶煤及支架的刚度，可视为刚体。由前所述，直接顶的冒高与采高成近似正比关系，而放顶煤开采时，由于直接顶的厚度较大，尤其是处于下位的直接顶其破坏程度与顶煤相当，其刚度可能与顶煤及支架的刚度相当，甚至更小。显然，这时视直接顶为刚体是不合适的。直接顶形成的半拱式结构对其刚度具有明显影响，实质是对其施加作用力。显然，随着作用力的增大，直接顶的刚度及稳定性相应提高，这将有利于载荷的传递。由此也可以表明，上覆岩层施加于直接顶的载荷越大，直接顶的刚度越大且传递性越好。根据以上分析，同时考虑直接顶的峰后力学特性，在综放采场围岩系统中，直接顶的力学特性可用弹簧加滑块表示。

4.4.1.2　顶煤的力学性态

1. 顶煤的破坏过程及其结构

许多学者通过实验分析了不同煤种、不同硬度系数的煤体内部结构，认为不论什么类型的煤体其内部均存在许多微裂隙，且这些微裂隙的数量随着煤体强度的增加而较少。煤体内部存在微裂隙，以及这些微裂隙的密度和大致扩展方向决定了破碎顶煤块度的大小。对于硬度系数较小的煤体，其破碎后块度较

小难以形成结构，这时采场围岩控制的重点是端面冒漏及空顶；对于硬度系数较大的煤体，其破碎后块度较大，块度相互铰接而形成一种暂时的具有一定承载能力的结构。

图4-25为顶煤破坏及其内部裂隙发育过程。由图4-25可知，顶煤在工作面前方支承压力的作用下内部裂隙开始扩展并逐步贯通，越靠近煤壁其裂隙发育越显著。而位于支架顶梁上方的煤体，受支架支撑力及顶板回转压力的作用，当其超过强度极限时顶煤便发生强度破坏，即产生裂隙。顶煤破裂后形成大小不一的块状体结构，这些被裂隙和煤层层理切割的块体之间由于挤压作用形成一种处于稳定状态的"假塑性结构"。该结构具有一定的抗压能力，但几乎不能承受拉应力的作用。

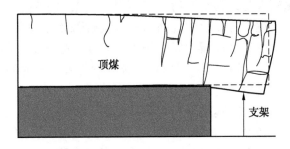

图4-25 顶板破坏及裂隙发展规律

在超前支承压力、顶板回转挤压及支架支撑力的共同作用下，当顶煤的变形超过其峰值后进入塑性状态，此状态称为"假塑性结构"。由于其具有一定的抗压能力，使其具有向支架传递直接顶及其上覆岩层载荷的能力，使支护强度增大；而其具有一定的变形能力，又使上覆岩层作用到支架上的载荷得到一定的缓冲和减弱。由此可知，顶煤结构直接影响支架架型的选取及支架工作阻力的确定。

2. 顶煤力学性态分析

顶煤受工作面前方支承压力、顶板弯曲下沉压力及支架升降的反复作用，顶煤的完整性遭到一定程度的破坏。但破坏后的顶煤形成的"假塑性结构"又使顶煤仍具有一定的承载能力。采用与分析直接顶力学特性相同的方法对顶煤的刚度进行分析，顶煤的刚度 k_{ci} 可以表示为

$$k_{ci} = \frac{1}{\sum\limits_{i=1}^{n} \dfrac{m_{ci}}{E_{ci}}} \tag{4-6}$$

式中　m_{ci}——顶煤各分层的厚度，m；

　　　E_{ci}——顶煤各分层的弹性模量，kPa。

由式（4-6）可知，顶煤的刚度正比于弹性模量，反比与厚度，因而顶煤强度较低而厚度较大的放顶煤工作面的矿压显现不明显。由于受旧采影响，上部煤层完整性遭到破坏。残煤复采时受二次开采扰动及顶板回转和支架的循环支撑—卸载，顶煤的破碎程度较高，因此，单从顶煤的力学性态而言，残煤复采支架的稳定性较好。

4.4.2　残煤复采综放工作面支架工作阻力的确定

4.4.2.1　基于相似模拟实验支架工作阻力的确定

1. 实验设备及测试系统

为了能够深入分析残煤复采采场支架与围岩的相互作用关系，在上文所述的三维相似模拟实验测试系统设计中，增设了残煤复采采场支架工作阻力测试系统。该系统采用自行研制的与相似模拟实验几何相似比（1∶30）相同的微型液压支架，以及与其相匹配的乳化液泵站和能够实时监测微型液压支架受力状态的实验装置，微型液压支架模型如图4-26所示，乳化液泵站及受力监测装置如图4-27所示。

2. 实验结果分析

为了能够得出残煤复采时液压支架真实的受力状态，此次实验所设计的液压支架未设置泄压阀。同时为了对比残煤复采

图 4-26 微型液压支架模型

图 4-27 乳化液泵站及受力监测装置

遇斜交或平行空巷与整装实体煤开采时支架的受力特征，在残煤复采区共划分了 3 个区域。区域一存在平行于工作面的不同宽度的空巷；区域二为实体煤；区域三为小角度斜交于工作面的空巷。

支架受力大小与顶煤的破碎情况、直接顶的结构及基本顶的运动有直接关系。图4-28为工作面推进距离与区域一、区域二和区域三两侧各支架平均工作阻力之间的关系；图4-29为工作面推进距离与区域一、区域二和区域三两侧支架平均循环末阻力之间的关系。对图4-28和图4-29进行综合分析，可知：

（1）在区域二（实体煤）开采时，支架的平均工作阻力介于3800~5000 kN之间，最大循环末阻力介于4200~5600 kN之间，支架受力变化波动小，支架稳定性好。而当顶板发生初次来压时，支架的平均工作阻力和最大循环末阻力分别为6300 kN和7400 kN，此时支架工作阻力的大小已经受前方空巷的影响（工作面距离前方空巷约20 m）。

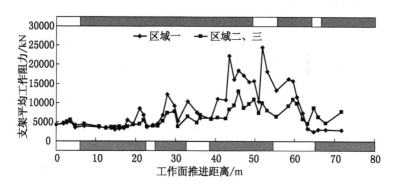

图4-28 工作面推进距离与液压支架平均工作阻力之间的关系

（2）当工作面接近与其平行的空巷时，液压支架的平均工作阻力急剧增加至8500 kN，此时液压支架的循环末阻力为10200 kN；而工作面过斜交空巷时，液压支架的工作阻力急剧增加至8100 kN，循环末阻力为9700 kN。由于空巷与工作面斜交角度为16°，当工作面推进至空巷附近时，采场围岩的运动受

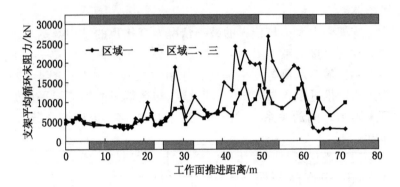

图 4-29　工作面推进距离与液压支架平均循环末阻力之间的关系

小角度空巷、斜交空巷的影响与平行空巷相近，所以支架受力基本相同。由此可知，在实际生产中小角度的调斜工作面过空巷时，其对支架受力的影响较小。

　　(3) 当工作面接近与工作面平行或斜交的空区时，液压支架的平均工作阻力均超过了 10000 kN，而循环末阻力超过了 15000 kN。由此说明，工作面与空区之间煤柱的大小直接影响支架的支护强度。当煤柱密度小于其临界宽度而失稳时，顶板悬顶长度增加，支架需要阻止其回转及下沉，导致支架的工作阻力迅速增大。这在实际生产中是不允许的，必须采取相应的围岩控制措施，防止支架载荷剧烈增大。

　　(4) 当工作面接近冒顶区时，顶板发生超前断裂，形成冲击载荷，支架的最大工作阻力约为 25000 kN。液压支架受到冲击载荷，极易发生压架、倒架或油缸崩裂等灾难性事故。而支架完全处于空巷下时，围岩应力向工作面前方实体煤转移，受大断裂的影响，应力集中系数较高，此时极易发生煤壁大面积片帮。

4.4.2.2　基于支架与围岩作用关系的支架工作阻力的确定

　　1. 顶板压力估算及支护阻力的确定方法

目前，对于顶板压力估算及支护阻力的确定方法有很多种，根据其计算原理不同，主要分为 3 种：估算法、理论分析法和实测法。

1）估算法

估算法的实质是依据采场围岩运动规律，对工作面可能出现的最大顶板压力进行估算，也就是对顶板来压时作用到支架上的压力进行估算。估算法主要包括经验估算法、从基本顶形成结构的平衡关系估算及威尔逊估算法。

经验估算法是指来压时直接顶及基本顶通过直接顶作用到支架上的载荷之和，其经验公式为

$$P = (4 \sim 8) M \gamma \qquad (4-7)$$

式中　P——来压时支架的支护强度，kPa；

　　　M——采高，m；

　　　γ——上覆岩层的平均体积力，kN/m³。

从基本顶形成结构的平衡关系估算认为直接顶的载荷应由支架全部承担，而基本顶传递至支架上的载荷主要是由基本顶出现滑落失稳或变形失稳所形成的，由此作用到支架上的力为

滑落失稳：

$$F = Q_{A+B} - \frac{L_{i0} Q_{i0}}{2(H - \delta)} \tan(\varphi - \theta) \qquad (4-8)$$

式中　Q_{A+B}——"关键块" A 和悬露岩块 B 的自重载荷，kN；

　　　L_{i0}——悬露岩块 B 的长度，m；

　　　Q_{i0}——岩块 B 的自重载荷，kN；

　　　H——基本顶岩层厚度，m；

　　　δ——岩块 B 的下沉量，m；

　　　θ——岩块的破断角，(°)；

　　　φ——岩块的内摩擦角，(°)。

变形失稳：

$$P_{Ei} = K_0 \frac{\Delta h_0}{\Delta h_i} \tag{4-9}$$

式中　Δh_0——实测所得回采工作面顶板下沉量，m；

　　　Δh_i——要求控制的回采工作面顶板下沉量，m；

　　　K_0——顶板下沉量为 Δh_0 时，基本顶岩梁在空顶范围内的作用力。

$$K_0 = \frac{m_E \gamma_E L_E}{K_T L}$$

式中　m_E——基本顶岩梁的厚度，m；

　　　γ_E——基本顶岩层的体积力，kN/m³；

　　　L_E——基本顶岩梁的跨度，m；

　　　L——控顶距，m；

　　　K_T——上覆岩层施加到支架上的重量系数。

　　威尔逊估算法只考虑直接顶的形状及载荷的影响，且根据载荷作用到支架的位置引出了附加力的概念，支架受力的计算公式为

$$P = Q_1 + Q_3 \tag{4-10}$$

式中　Q_1——直接顶作用到支架上的载荷，kN；

　　　Q_3——附加载荷，kN。

　　上述 3 种估算法各有其适用条件，如对于我国华北地区的煤岩赋存特征，大部分矿区可以采用经验估算法；对于支护阻力偏低、顶板下沉量较大的地层条件，可以用控制基本顶变形失稳估算法；坚硬顶板条件宜采用控制基本顶滑落失稳估算法；而威尔逊估算法已经考虑了"支架—围岩"的相互作用关系，所以确定支架工作阻力较为准确，但计算参数选取困难。

　　2）理论分析法

　　钱鸣高、宋振骐等院士提出了在顶梁"限定变形"工作状态下支架与围岩的综合表达式——位态方程式，该方程式可以看成是反映各种顶板条件下"支架与围岩"关系的通式。因此，

特定条件下的"支架—围岩"关系表达式可依据位态方程式进行转化。根据不同顶板条件，其组成形式可归结为以下 3 种。

（1）一般采场（直接顶、基本顶同时存在）。

"限定变形"工作状态下：

$$\begin{cases} P_T = A + K_A \dfrac{\Delta h_A}{\Delta h_i} \\[2mm] K_A = \dfrac{m_E \gamma_E C}{K_T L_K} \end{cases}$$

式中　P_T——支架合力支护强度，kPa；

　　　A——直接顶作用到支架上的自重载荷，kN；

　　　C——岩梁运动步距，m；

　　　m_E——岩梁厚度，m；

　　　γ_E——岩梁体积力，kN/m³；

　　　K_A——控顶距不同位置处的位态常数；

　　　L_K——控顶距，m；

　　　Δh_i——控顶距不同位置处的顶板下沉量，m。

"给定变形"工作状态下：

$$A \leqslant P_T \leqslant A + K_{min} = A + K_A$$

式中　K_{min}——控顶距不同位置处的位态常数。

（2）缓沉采场（不存在直接顶）。

"限定变形"工作状态下：

$$\begin{cases} P_T = K_A \dfrac{\Delta h_A}{\Delta h_i} \\[2mm] (A = 0)\ \text{或}\ P_T = K_0 \dfrac{\Delta h_0}{\Delta h_i} \end{cases}$$

式中　Δh_0——控顶距不同位置处的顶板下沉量，m。

　　　K_0——控顶距不同位置处的位态常数。

"给定变形"工作状态下：

$$0 \leqslant P_T \leqslant K_A$$

（3）整体垮塌采场（不存在基本顶，即基本顶传递岩梁不能形成）。

$$P_T = A$$

理论分析法是在顶板运动特征及"支架与围岩"相互作用的基础上建立的支架合力支护强度计算方法，因此该方法能够较为准确地计算顶板压力及支架支护阻力，但其缺点是各计算参数的取值较复杂，且参数的取值对计算结果影响较大。

3）实测法

实测法即测定工作面的工作载荷，通过对载荷进行分析，研究其变化规律，从而确定工作阻力。实测法确定工作阻力的前提条件是观测的工作面顶板控制良好，不冒顶、不片帮、支架位态正常、不影响生产。否则，观测到的资料并不能真正反映顶板的压力大小，特别是超过额定工作阻力后，资料不能反映顶板的真实压力。

由于残煤复采时煤层赋存的特殊性，造成顶板运动与实体煤开采完全不同。通过上述对顶板压力的估算及对支护阻力确定方法的分析，各计算方法均不适用于残煤复采，仅理论分析法中"支架与围岩"关系的表达式对残煤复采支架工作阻力的确定具有一定的借鉴作用。由此，作者根据残煤复采顶板的运动发展特征建立了残煤复采支架围岩相互作用的力学模型，并确定极端条件下支架的受力状态，为残煤复采支架选型提供依据。

2. 残煤复采支架围岩相互作用力学模型

由对残煤复采采场上覆岩层运动规律及顶板断裂结构的分析可知，残煤复采支架受力达到最大值时顶板的断裂结构为顶板发生超前大断裂。由于煤柱失稳，块体 B 的悬臂长度突然增大并超过其自身的抗拉强度时，悬臂梁沿固支端弯拉断裂。而其断裂长度远小于工作面长度，所以将该模型由空间问题简化为平面问题进行分析。由此，建立了残煤复采支架围岩相互作用力学模型，如图 4 – 30 所示。

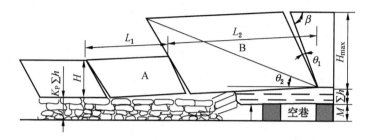

图 4 – 30 残煤复采支架围岩相互作用力学模型

块体 B 断裂回转与块体 A 形成了"砌体梁"铰接结构。采煤工作面支架的作用是在块体 B 发生运动的过程中，阻止其沿工作面煤壁产生台阶下沉或切落，因此取块体 B 为分离体，其受力状态如图 4 – 31 所示，并根据图 4 – 31 来确定其来压强度的计算公式。

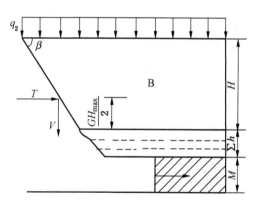

图 4 – 31 顶板来压强度计算力学模型

块体 B 受块体 A 铰接产生的水平推力 T 和拱脚竖向载荷 V 的作用，断裂线与垂直方向的夹角为 θ。保证块体不出现沿断裂线滑动，也就是回转失稳，则应满足：

$$T(\cos\theta\sin\phi - \sin\theta\cos\phi) \geqslant V(\cos\theta\cos\phi - \sin\theta\sin\phi)$$

$$(4-11)$$

利用三角关系可得

$$V \leqslant T\tan(\phi - \theta)$$

其中 $\theta = \dfrac{\pi}{2} - \beta$，由此可得

$$V \leqslant T\tan\left(\phi + \beta - \frac{\pi}{2}\right) \qquad (4-12)$$

当式（4-12）右边值小于左边值时，即破断面上的摩擦力提供的竖向阻力小于脚拱竖向载荷时，块体 B 将沿破断面产生滑落失稳或形成回转失稳，即当式（4-12）右边小于左边时，要保证块体 B 稳定就必须要求支架提供有效的阻力与破断面上的摩擦力共同平衡脚拱竖向载荷 V。由此，根据平衡条件得出支架应承担基本顶的作用载荷 P_2 为

$$P_2 = V - T\tan\left(\phi + \beta - \frac{\pi}{2}\right) \qquad (4-13)$$

V 和 T 可以根据式（4-14）和式（4-15）计算得到

$$V = \frac{L_2 q_2}{2} - T\tan\theta_2 \qquad (4-14)$$

$$q_2 = \gamma H$$

式中　L_2——块体 B 的长度，m；

$\quad\quad q_2$——基本顶岩层受顶板自重等效的均布载荷；

$\quad\quad \gamma$——基本顶的体积力，kN/m³。

$$\tan\theta_2 = \frac{Y - L_1\sin\theta_1}{X - L_1\cos\theta_1}$$

$$\tan\theta_1 = \frac{NY + X}{NX - Y}$$

$$S = \frac{U}{L}(\cot\beta + \tan\theta_1)$$

$$T = \frac{L_1 q_2 + L_2 q_2}{2} \cdot \frac{X_{\mathrm{c}}(1 + S)}{Y - X\tan\theta_2} \qquad (4-15)$$

$$X_{\mathrm{c}} = L_1 \cos\theta_1$$

$$L = L_1 + L_2$$

$$U = H\left(1 - \frac{G}{2}\right)$$

$$N = \frac{L + U\cot b}{U}$$

$$Y = M - H - Sh(K_{\mathrm{p}} - 1)$$

$$G = 0.018H - 0.0195$$

$$X = \sqrt{(1 + N^2)U^2 - Y^2}$$

根据 N. Barton 准则改写后，破断面上的摩擦角可写为

$$\phi = JRC\lg\frac{GHJCS}{T} + \varphi_{\mathrm{b}} \qquad (4-16)$$

式中　JRC——基本顶岩层断裂面粗糙系数；

　　　JCS——基本顶岩层裂缝壁有效抗压强度，可取基本顶岩层实验室测定的轴向抗压强度值。

由式（4-13）和式（4-16）可得到 N. Barton 准则条件下，当直接顶及顶煤的载荷 P_1 全部作用在支架上时，支架所要提供的工作阻力计算表达式为

$$P = V - Tf + P_1 \qquad (4-17)$$

$$P_1 = \gamma_2 M_2 ab + \gamma_1 \sum hab \qquad (4-18)$$

式中　γ_1——直接顶的体积力，kN/m^3；

　　　γ_2——顶煤的体积力，kN/m^3；

　　　M_2——顶煤厚度，m；

　　　a——支架控顶距，m；

　　　b——支架宽度，m。

$$f = \tan\left(JRC\lg\frac{GHJCS}{T} + \varphi_{\mathrm{b}} + \beta - \frac{\pi}{2}\right) \qquad (4-19)$$

将式（4-18）和式（4-19）代入式（4-17），得出残煤复采时支架所需提供的支护阻力为

$$P = V - T\tan\left(JRC\lg\frac{GHJCS}{T} + \varphi_b + \beta - \frac{\pi}{2}\right) +$$

$$\gamma_2 M_2 ab + \gamma_1 \sum hab \qquad (4-20)$$

3. 相关参数的确定及实例分析

1）块体 B 长度 L_2 的确定

为了能够计算残煤复采综放工作面支架所要承受的最大载荷，计算时应取 L_2 达到极限条件时的长度，由图4-32可知：

$$L_2 = l_x + W + A_x \qquad (4-21)$$

式中　　l_x——块体 B 在煤壁后方的悬露长度，m；

　　　　W——煤柱宽度，m；

　　　　A_x——巷道宽度，m。

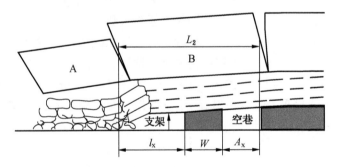

图4-32　块体 B 的长度计算简图

由式（4-21）可知，块体 B 发生超前断裂的前提条件为

$$\begin{cases} L_2 = l_x + W + A_x \geq l \\ l_x \leq l \\ W \leq W^* \end{cases} \qquad (4-22)$$

式中　　l——实体煤开采时顶板周期断裂步距，m；

　　　　W^*——临界宽度，m，根据式（3-32）确定。

由此可知，当 $l_x = l$，$W = W^*$ 时 L_2 达到最大值，可表示为

$$L_{2\max} = l + W^* + A_x \qquad (4-23)$$

2）块体 B 高度 H 的确定

根据离层假定，当煤柱失稳时，顶板悬臂岩梁长度突然增加导致基本顶上覆承载层无法承担悬臂长度的加载层重量而随基本顶一起断裂，所以基本顶断裂高度也会向上发展。

悬臂梁厚度 H 可按基本顶悬臂梁断裂的极限跨距公式进行计算，公式为

$$L_{2\max} = H_{\max} \sqrt{\frac{K\sigma_t}{3q}} \qquad (4-24)$$

将式（4-23）和 $q = \rho g H_{\max}$ 代入式（4-24）整理得

$$H_{\max} = \frac{3\rho g (l + W^* + A_x)^2}{K\sigma_t} \qquad (4-25)$$

式中　　K——基本顶岩层抗拉强度系数，取 $0.80 \sim 0.90$；

　　　　σ_t——基本顶实验室标准试件单轴抗拉强度，kN/m^2。

3）实例分析

以圣华煤业 3101 残煤复采放顶煤工作面为计算地质原型，其中：采高 $M = 2.5$ m；直接顶与顶煤总厚度 $\sum h = 4.66 + 4.2 = 8.86$ m；直接顶碎胀系数 $K_p = 1.25$；基本顶岩层破断角；直接顶岩层视密度 $\rho = 2.6$ t/m³；基本顶岩层视密度 $\rho = 2.6$ t/m³；基本顶岩层抗拉强度系数 $K = 0.9$；基本顶承载岩层厚度 $H_{\max} = 18.86$ m；基本顶岩层轴向抗拉强度 $\sigma_c = 5.44 \times 10^5$ kg/m²；L_i 为基本顶周期断裂步距（$i = 1, 2, \cdots$），$L_1 = 14.2$ m 由回采实体煤时 RST 软件解算得到，$L_2 = L_{\max}$；基本顶岩层所受顶板自重均布载荷 $q_2 = \rho g H_{\max}$；基本顶岩层断裂面粗糙系数 $JRC = 15$；基本顶岩层裂缝壁有效单抗压强度 $JCS = 4745$ t/m²；基本顶岩层断裂面上的基础摩擦角 $\varphi_b = 30°$。

根据 3 号煤层综放工作面顶板来压计算所确定的初始参数，

应用 RST 采场矿压分析软件计算得 $l = 14.2$ m。

结合圣华煤业 3101 工作面地质条件及煤岩体岩石力学参数，可得复采工作面过 12 m 平行空巷时，块体 B 最大悬臂长度为

$$L_{2\max} = A_x + W^* + l = 12 + 14.56 + 14.2 = 40.76 \text{ (m)}$$

$$W^* = \frac{-b + \sqrt{b^2 - 4ac}}{2a} = 14.56 \text{(m)}$$

将 $L_{2\max} = 40.76$ m 代入式（4-25）得

$$H_{\max} = \frac{3\rho g (A_{\max} + W^* + l)^2}{K\sigma_t} = 23.86 \text{(m)}$$

则支架所要提供的工作阻力为

$$P = V - Tf + p_1 = 29064.16 \text{ (kN/架)}$$

其中，$T = \dfrac{QX_c(1 + S)}{2(Y - X\tan\theta_2)} = 6564.535$（t/架）$= 64332.443$（kN/

架）；$V = \dfrac{Q_2}{2} - T\tan\theta_2 = 4916.87$（t/架）$= 48185.326$（kN/架）；$f =$

$\tan\left(JRC\lg\dfrac{GHJCS}{T} + \varphi_b + \beta - \dfrac{\pi}{2}\right) = 0.32$；$p_1 = 4.66 \times 5.5 \times 2.6 \times$

$1.5 + 4.2 \times 5.5 \times 1.43 \times 1.5 = 149.51$（t/架）$= 1465.20$（kN/架）。

计算结果略大于相似模拟实验结果（$P = 25000$ kN），其主要原因是计算时，所有参数均按照极端条件选取。由此可见，当工作面过宽度较大的平行空巷时，目前已有的支架无法满足支架所要提供的工作阻力。因此，当复采工作面过空巷时必须采取相应的围岩控制措施。

4.4.3　残煤复采支架与围岩的相互作用关系

残煤复采煤层赋存的复杂性决定了其支架与围岩的相互作用关系比较复杂，如端面冒漏、煤壁片帮发生的概率显著增加，另外顶板的破断特征也与实体煤开采不同，需要支架承受的载荷显著增加，这在确定支架工作阻力时已经进行了详细分析，

此处不再赘述。

4.4.3.1 支架工作阻力与顶板下沉量的关系

支架工作阻力与顶板下沉量的关系可以间接地反映支架与围岩的相互作用关系，也就是常说的"$P - \Delta L$"的关系，研究目的是通过控制顶板下沉量来确定合理的支护阻力。

顶板下沉量是围岩控制最终效果的重要指标之一。由"$P - \Delta L$"的关系曲线可以看出，增大支架工作阻力可以降低顶板下沉量，但当支架工作阻力超过一定值后，支架工作阻力对顶板下沉量影响较小。主要原因是基本顶回转是不可控的，也就是说增大支架工作阻力并不能改变基本顶总体运动规律，我国学者通过理论分析与现场实测已经证实了这个观点。而且当顶板条件不同时，只从顶板下沉量来判断围岩控制的效果是不合理的。例如，当顶板本身较破碎，其较小的下沉量可能引发一系列的顶板事故，如端面冒漏、支架偏载等。实践证明，采用护顶的办法能够有效地改善顶板的状况。

由于残煤复采处于试验阶段，目前我国还没有真正意义上的残煤复采，因此对于残煤复采支架工作阻力与顶板下沉量之间的关系只能从理论上定性描述。待残煤复采试验实施时，对支架工作阻力和顶板下沉量之间的关系进行实测研究后，再对其进行分析。

对苏联、英国和西德鲁尔矿区支架调压试验实测的"$P - \Delta L$"关系曲线进行分析，如图 4 - 33 所示，支架工作阻力的确定原则如下：

（1）支架初撑力至少要大于顶煤及直接顶的重量。

（2）适当增大支架刚度，保证支架增阻阶段的顶板下沉量较小。

（3）工作阻力可在初撑力的基础上根据来压系数取值，增大部分（额定工作阻力减去初撑力）所占比例应大于实体煤开采时的比例。

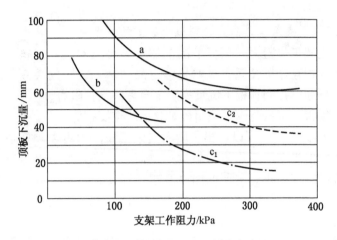

a—苏联；b—英国；c_1、c_2—西德鲁尔矿区

图 4-33 实测统计所得"$P-\Delta L$"曲线

4.4.3.2 工作阻力及支柱合力作用点位置对端面冒顶的影响

控制端面冒漏是采场围岩控制的重要组成部分，而残煤复采端面冒漏控制的重要性要大于普通采高。残煤复采时采场内存在大量煤柱，而这些煤柱均处在应力增高区，通过分析可知，工作面前方煤柱中的应力峰值可达原岩应力的 5 倍，这就造成了在端面及煤壁交界处一定区域内产生了应力集中，由此可能发生破坏，其破坏形式主要是剪破坏。

控制端面冒顶有 3 种方法：①改善端面区域的应力分布，减小应力集中程度；②封闭已经破坏的区域，防止冒落；③防止煤壁片帮。残煤复采时应以对端面顶板进行封闭为主要措施并通过改变应力分布，减轻破坏程度。

研究表明：提高支架工作阻力能降低端面区域的应力集中系数，有利于防止端面冒漏，但当工作阻力达到某一数值后对改善应力集中效果不明显。合力作用点的位置对端面应力集中的影响主要表现为：在中硬顶板条件下，直接顶较为完整，支柱离煤壁远一些，有利于减小应力集中程度；对于不稳定的破碎顶板，不能把直接顶视为连续介质，因而上述分析结果不再适用。事实上残煤复采时，由于受二次扰动的影响，工作面顶板较破碎，应使用支撑掩护式支架并对支架结构进行改进，使支柱合力作用点尽量靠近煤壁，有利于维护端面。

4.4.3.3 支架结构优化

根据残采煤层赋存特征及支架受力特征，应尽量使残煤复采放顶煤液压支架在结构上能够适应开采需求，主要包括以下几个方面。

（1）尽可能地增大液压支架的支护强度。

（2）增大支架安全阀的溢流能力，以适应顶板突然失稳引起的冲击载荷。

（3）支架结构应能适应大块垮落岩石的冲击和外载合力作用点的变化范围，增加支架的稳定性。对支架结构进行优化的措施如下：

①支架顶梁选用变宽度等强度的整体顶梁，该型顶梁结构简单且有利于改善支架顶梁前部顶煤下沉、离层，同时也有利于降低煤壁压力，缓解煤壁片帮现象。

②对顶梁合力作用点进行优化，顶梁在前排立柱支撑点前后距离比约为1:1，既能提高支架的支撑效率，又能防止支架拔后柱现象的发生。

③支架设计时既要考虑采用护帮板机构防止煤壁片帮，也要考虑采用伸缩梁机构控制架前煤岩体冒落。伸缩梁支撑力由立柱工作阻力产生，临时超前支撑力较大，护帮板可弥补由于梁端距产生的无支护空间，实现对顶板的超前支撑能力。

④支架采用顶梁整体双活动侧护板、掩护梁双活动侧护板、尾梁双活动侧护板结构，顶梁与掩护梁、掩护梁与尾梁铰接处间隙小，可减少漏顶，实现架间的全封闭。

⑤底座采用排矸性能好且便于移架的开底式结构。支架通

过参数及结构优化，使底座前端比压较小，同时配备抬底机构，有效防止底座前端扎底，提高拉架速度，减少清理浮煤的工作量。

⑥安全阀的溢流能力。顶板超前断裂回转时伴随大量弹性能和位能释放，对支架产生巨大冲击。研究表明，顶板断裂对支架的冲击载荷与顶板岩块质量成正比，与支架下缩量成反比，而大流量安全阀对支架下缩量有决定作用，要求瞬时溢流量达到 5000 L/min 时，可以有效地保证支架及时卸载让压。

⑦采用大流量电液快速移架供液系统和电液控制技术。主操纵阀流量不小于 500 L/min，推移千斤顶采用缸径 180 mm 倒装结构，可以提高支架一个动作循环的速度，减少顶板暴露时间，大幅度改善及时支护效果。

4.5　本章小结

（1）由相似模拟结果可知，工作面前方支承压力的应力集中系数可达到原岩应力的 5 倍。影响残煤复采采场支承压力分布的主要因素是煤柱、空巷与工作面的相对位置关系及空巷宽度。与工作面平行或斜交的煤柱和空巷的存在改变了顶板的运动规律，而顶板的运动直接影响支承压力的大小及其分布特征。

（2）残煤复采综放工作面过与其平行或小角度斜交的空巷时，按照工作面前方煤柱的稳定性要求，将工作面前方支承压力及其显现的发展过程划分为 3 个阶段：①煤柱中工作面前方支承压力和空巷巷帮支承压力相互独立阶段（支承应力分布形态为不对称"马鞍形"）；②煤柱中工作面前方支承压力和空巷巷帮支承压力相互影响阶段（支承应力分布形态为"平台形"）；③煤柱中工作面前方支承压力和空巷巷帮支承压力完全叠加阶段（支承压力分布形态为"孤峰形"），而由于压力叠加促使煤柱失稳引发支承压力及其显现的剧烈变化是残煤复采区别于实体煤开采的标志。

（3）由相似模拟实验结果可知，工作面过空巷时液压支架的平均工作阻力为 8500 kN；工作面过空区时液压支架的平均工作阻力超过了 10000 kN；工作面过冒顶区时液压支架的最大工作阻力达到 25000 kN。

（4）通过建立残煤复采支架围岩相互作用力学模型，并给出了支架所要提供的工作阻力计算表达式 $P = V - Tf + P_1$，并以圣华煤业 3101 工作面为地质原型，计算出当空巷宽度为 12 m 时，支架所需要提供的工作阻力约为 29064.16 kN，计算结果略大于实验结果。主要原因是计算时，所有参数均按照极端条件选取。

5 残煤复采采场支架稳定性及 围岩综合控制技术

5.1 残煤复采放顶煤支架稳定性问题的提出

通过分析可知，由于工作面受平行或小角度斜交的旧采遗留空巷的影响，随着工作面的推进，工作面前方的煤柱宽度逐渐变小而其所承担的压力逐渐增大，极易发生煤爆而突然失稳。顶板受弯拉作用发生超前断裂形成的冲击载荷作用到支架上，导致液压支架立柱、顶梁、互帮构件出现严重损坏，当工作面前方空巷宽度较大时，还可能出现顶梁台阶、倾倒甚至大规模的倒架事故。对于与工作面垂直或大角度斜交的空巷，其不会引起采场围岩整体应力分布发生改变，仅会造成位于其下的支架不接顶或造成支架的受力不均等情况。因此，研究残煤复采采场支架的稳定性时，主要分析与工作面平行或小角度斜交的空巷对支架稳定性的影响。

5.1.1 残煤复采放顶煤支架稳定性事故分类

液压支架稳定性基本上可归结为两类，即支架横向稳定性和支架纵向稳定性。支架横向稳定性是指支架顶梁相对底座偏离原横向设计位置；支架纵向稳定性是指沿工作面推进方向液压支架的稳定性问题。由于支架各部件的销轴与孔之间存在轴向、径向间隙，即使在水平的工作条件下，也会产生支架歪斜。虽然残煤复采综放支架的支撑高度一般较小（2.0~3.0 m），且外形尺寸较大，但由于顶板稳定性较差且难以控制，因此，残煤复采液压支架可能既存在横向稳定性问题也存在纵向稳定性问题。

依据液压支架的稳定性分类，可将残煤复采放顶煤液压支架稳定性事故分为两大类：

（1）推垮型事故：顶板断裂运移过程中，在煤层层面方向产生较大的推力推倒支架造成垮面。推力方向又存在 3 种可能，即沿倾斜方向推垮（针对走向长壁工作面）、向煤壁方向推垮和向采空区方向推垮。

（2）压垮型事故：包括向煤壁方向压垮和向采空区方向压垮两种形式。这类顶板发生垮落事故时，支架首先被垂直于支架顶梁的作用力压垮从而引起顶板垮落。

5.1.2 影响支架稳定性的原因及条件

造成残煤复采综放工作面液压支架不稳定的原因众多，按照其发生机理可归纳为三类：①局部冒顶事故；②直接顶运动引起的支架失稳事故；③基本顶运动引起的支架失稳事故。

1. 局部冒顶支架失稳

残煤复采过程中发生的局部冒顶事故多数是由于采煤过程中揭露空巷后控顶距突然增加且得不到及时支护，或虽及时支护，但支护方式不合理或支护强度不能满足要求而造成的。由于支架前方冒顶造成支架前端顶梁上方空顶，引起液压支架受力不均而发生支架抬头，甚至发生推垮型倒架事故。

2. 直接顶运动引起的支架失稳

对于残煤复采综放工作面而言，由于支架部件间连接销轴与孔存在间隙和存在弹性变形，支架承载时，必然产生沿倾斜方向的横向水平力，从而引起支架偏心受载。当工作面推进到直接顶沿煤壁处切断位置时，由于直接顶受基本顶回转来压，顶板的完整性遭到破坏，稳定性减弱，在放顶煤时局部区域破碎直接顶随顶煤一并放出，直接顶失去了沿倾斜方向下部及上部岩体对其运动的阻止作用。当支架无法阻止直接顶沿倾斜方向运动时，此时支架主要承受沿倾斜方向的水平推力，当支架的偏心载荷超过正常值时可引起支架部件破坏及倒架、咬架等支架失稳现象。

3. 基本顶运动引起的支架失稳

基本顶来压是引起支架失稳的主因。目前我国放顶煤液压支架的稳定性基本能够满足实体煤开采时基本顶断裂回转产生的水平推力。但是对于残煤复采放顶煤工作面而言，由于旧采空巷的存在，基本顶会出现超前大断裂的运动特征。当工作面前方煤柱变形甚至失稳时，基本顶在上覆软弱岩层及自重的作用下发生回转，顶板的重量逐步由空巷前方塑性区煤体、支架及煤柱承担。与回采实体煤相比，超前大断裂所控制的关键块长度、厚度增加。支架阻止基本顶滑落失稳所需的工作阻力增加，当支架的工作阻力无法阻止顶板的回转及滑落时，便会引起支架泄压、油缸崩裂，甚至出现推垮型倒架事故。

5.2 支架稳定性力学模型及失稳机理

5.2.1 液压支架纵向稳定性力学模型及失稳机理

5.2.1.1 液压支架纵向稳定性力学模型

走向长壁开采的特点是用放顶煤液压支架切顶，冒落的顶板岩体碎胀后充填采空区。但是，残煤复采综放工作面基本顶受空巷的影响，顶板断裂线往往位于煤壁前方，从而形成大块度的悬臂岩梁结构。这种结构是造成液压支架受载不均和失稳的重要原因。

液压支架受载后的纵向稳定性与外载合力的作用位置有关，通过简化的力学模型进行受力分析，可以看出外载合力对液压支架有效支撑力的影响。考虑到四柱支撑掩护式支架的稳定性较好，具有较好的力学特性和对地质条件的适应性，因此残煤复采综放工作面液压支架选用四柱掩护式支架。以图 5 - 1 简化的力学模型为例，对四柱支撑掩护式支架进行受力分析。对四连杆结构瞬心取矩，其平衡方程式为

$$Q(X + L) = R_1 l_1 + R_2 l_2 + fQh$$

式中　　Q——外载荷，kN；

　　　　X——外载荷 Q 作用点距 A 点的距离，m；

　　　　L——四连杆结构瞬心 O 点距 A 点的距离，m；

　　　　R_1——前排立柱支撑力的合力，kN；

　　　　R_2——后排立柱支撑力的合力，kN；

　　　　l_1——R_1 距四连杆结构瞬心 O 点的距离，m；

　　　　l_2——R_2 距四连杆结构瞬心 O 点的距离，m；

　　　　fQ——顶板岩体作用在顶梁上的水平推力，kN；

　　　　h——四连杆结构瞬心 O 点距 A 点的垂直距离，m。

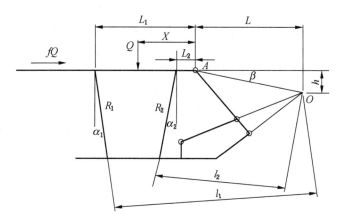

图 5 - 1　四柱支撑掩护式支架外载荷与立柱工作阻力的关系

整理后得

$$Q = \frac{R_1 l_1 + R_2 l_2}{X + L - fh} \qquad (5 - 1)$$

取顶梁分离体，对铰接点 A 取矩，得平衡方程式为

$$QX = R_1\cos\alpha_1 L_1 + R_2\cos\alpha_2 L_2$$

整理后得

$$X = \frac{R_1\cos\alpha_1 L_1 + R_2\cos\alpha_2 L_2}{Q} \tag{5-2}$$

式中　α_1——R_1 与垂直线的夹角（取正值），（°）；

　　　α_2——R_2 与垂直线的夹角（取正值），（°）；

　　　L_1——R_1 距铰接点 A 的距离，m；

　　　L_2——R_2 距铰接点 A 的距离，m。

将式（5-2）代入式（5-1）整理后得

$$Q = R_1\frac{l_1 - L_1\cos\alpha_1}{L - fh} + R_2\frac{l_2 - L_2\cos\alpha_2}{L - fh} \tag{5-3}$$

由图 5-1 可知

$$l_1 = (L + L_1)\cos\alpha_1 - h\sin\alpha_1$$
$$l_2 = (L + L_2)\cos\alpha_2 - h\sin\alpha_2$$

将式（5-1）、式（5-2）代入式（5-3）整理后得

$$Q = \frac{h}{L - fh}(R_1\cos\alpha_1 + R_2\cos\alpha_2) - \frac{h}{L - fh}(R_1\sin\alpha_1 + R_2\sin\alpha_2) \tag{5-4}$$

由式（5-4）可以看出：$R_1\cos\alpha_1 + R_2\cos\alpha_2$ 为立柱工作阻力垂直分力之和，$R_1\sin\alpha_1 + R_2\sin\alpha_2$ 为立柱工作阻力水平分力之和。

将式（5-4）代入式（5-2），分析外载荷作用点 A 的位置对支架有效支撑力的影响如下：

$$X = \frac{L - fh}{L} \cdot \frac{R_1 L_1\cos\alpha_1 + R_2 L_2\cos\alpha_2}{(R_1\cos\alpha_1 + R_2\cos\alpha_2) - \frac{h}{L}(R_1\sin\alpha_1 + R_2\sin\alpha_2)} \tag{5-5}$$

$R_1 = R_2 = \dfrac{R}{2}$，$\alpha_1 = \alpha_2 = \alpha$，$f = \tan\varphi$，其中 φ 为液压支架顶梁与顶板岩体的摩擦角，代入式（5-4）和式（5-5）得

$$Q = R\cos\alpha \frac{L - h\tan\alpha}{L - h\tan\varphi} \qquad (5-6)$$

$$X = \frac{L_1 + L_2}{2} \frac{L - h\tan\alpha}{L - h\tan\varphi} \qquad (5-7)$$

由式（5-6）和式（5-7）不难看出，当四连杆结构瞬心 O 点位于顶梁与掩护梁的铰接点 A 点同一水平位置时，即 $h = 0$ 时，则

$$Q = R\cos\alpha$$

$$X = \frac{1}{2}(L_1 + L_2)$$

此时，液压支架的外载荷与各立柱工作阻力的垂直分力之和相等，外载荷的作用点在前、后两排立柱的中点上。此时只要外载合力小于支架的最大工作阻力，支架则处于稳定状态。

5.2.1.2 液压支架纵向失稳力学分析

当四连杆结构瞬心 O 点位于铰接点 A 点下面时，此时 $h > 0$，如果立柱的水平分力小于顶梁与顶板岩体的摩擦力，即 $\alpha < \varphi$，则 $\frac{L - h\tan\alpha}{L - h\tan\varphi} > 1$，支架工作阻力增加，外载荷作用点向采空区移动，移向后排立柱。如果顶板悬臂岩梁过长，外载合力作用点将完全超出支架后排立柱。如果立柱的水平分力大于顶梁与顶板岩体的摩擦力，即 $\alpha > \varphi$，则 $\frac{L - h\tan\alpha}{L - h\tan\varphi} < 1$，支架工作阻力减少，外载荷作用点向煤壁方向移动。当立柱倾角等于顶梁与顶板岩体的摩擦角时，即 $\alpha = \varphi$，则 $\frac{L - h\tan\alpha}{L - h\tan\varphi} = 1$，此时无论 h 值多大，支架工作阻力与外载荷的作用点都不会发生变化。这是因为当 $\alpha = \varphi$ 时，立柱的水平分力和顶梁与顶板岩体之间的摩擦力相抵消，在顶梁铰接点 A 处没有水平分力作用，也就不会产生附加工作阻力。因此，附加工作阻力的产生是由于顶梁铰接点 A 处作用着水平分力，附加工作阻力的大小与 h 值的大小成正比。

但是液压支架的支撑高度随采场工况条件随时变化，h 值和 α、φ 亦随之变化，附加工作阻力亦随之变化。

史元伟在《采煤工作面围岩控制原理和技术》中提出："四柱支撑掩护式液压支架顶梁外载极值线可分为三个区域"。3 个区域容许外载合力按下述公式计算，计算力学模型如图 5-2 所示。

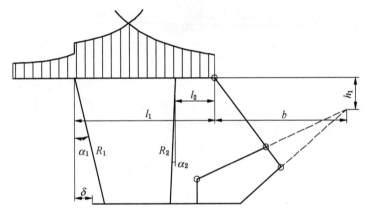

图 5-2　四柱支撑掩护式液压支架的外载极值线

（1）液压支架顶梁端部区域（顶梁前端至底座前端垂直投影的区域）：

$$P_{1y} = \frac{R_1 l_1 \cos\alpha_1 + R_2 l_2 \cos\alpha_2}{B_0 (x_1 + \delta + l_1)} \tag{5-8}$$

式中　R_1——前排立柱的合力，kN；

　　　　R_2——后排立柱的合力，kN；

　　　　l_1——前排立柱至后铰接点的距离，m；

　　　　l_2——后排立柱至后铰接点的距离，m；

　　　　α_1——前排立柱与垂线的夹角，(°)；

　　　　α_2——后排立柱与垂线的夹角，(°)；

　　　　B_0——支架中心距，m；

x_1——顶梁前端外载合力作用点至顶梁末端的距离，m；

δ——底座端垂直投影至前排立柱铰接点的距离，m。

（2）液压支架顶梁中部区域（两立柱与顶梁铰接点之间的区域）：

最大值：

$$P_y = \dfrac{R_1\cos\alpha_1 + R_2\cos\alpha_2 + (R_2\sin\alpha_2 - R_1\sin\alpha_1)\dfrac{h_1 - h_2}{b}}{B_0\left(1 - f\dfrac{h_1 - h_2}{b}\right)}$$

(5-9)

$$x_m = \dfrac{R_1 l_1\cos\alpha_1 + R_2 l_2\cos\alpha_2 + (R_2\sin\alpha_2 - R_1\sin\alpha_1)h_2}{P_y}$$

式中 b——瞬心至顶梁末端的水平距离，m；

h_1——瞬心至顶梁末端的垂直距离，m；

h_2——顶梁厚度，m。

两端值：

$$P_{y1} = \dfrac{R_1\cos\alpha_1}{B_0}$$

$$x_{m1} = l_1$$

$$P_{y2} = \dfrac{R_2\cos\alpha_2}{B_0}$$

（3）液压支架顶梁尾部区域（后柱至顶梁末端的区域）：

$$P_{2y} = \dfrac{R_1\cos\alpha_1 + R_2\cos\alpha_2}{B_0 x_2}$$

(5-10)

式中 x_2——顶梁后端外载合力作用点至顶梁末端的距离，m。

1. 顶板回转失稳引起的支架失稳力学分析

根据对支架稳定性的力学分析及对外载极值线的分析，当复采工作面前方煤柱失稳顶板发生端面冒漏，长悬臂顶板沿空巷前方塑性区煤体断裂并回转，且顶板发生端面冒漏时，液压支架出现抬头现象。当 $\alpha < \varphi$ 时，外载合力作用点向支架顶梁后部移动，液压支架支护阻力增加。当后排立柱处于垂直状态，

前排立柱向前方倾斜，此时液压支架的 4 个立柱在垂直方向的分力较大，而在水平方向的分力指向支架前方。顶板回转对控顶区边缘的支架产生较大的载荷和水平推力，直接作用到直接顶上。由于支架出现抬头现象，当直接顶处于弹性状态时，基本顶回转产生的水平推力通过直接顶向支架传递的水平方向的分力同样指向支架前方。当外载合力作用于支架的水平分力大于支架顶梁与顶板的摩擦力时，此时支架处于不稳定状态，随着顶板的继续回转，液压支架必然会出现推垮型倒架事故。第 3 章的研究结果表明，超前断裂形成的大块度顶板回转是不可控的，需要很大的支架工作阻力才能阻止其回转，但是目前液压支架工作阻力无法满足要求，且超前断裂顶板的载荷大部分由支架承担，而支架工作阻力在垂直方向的分力无法满足要求时，支架会出现泄压、缸裂甚至发生压垮型支架失稳事故。由此可知，当残煤复采综放工作面出现超前大断裂时，支架既可能出现推垮型事故，也可能出现压垮型事故。

根据支架的平衡条件建立顶板回转时支架与外载荷的作用关系，如图 5 - 3 所示。此时在下列条件下才能保证支架受力平衡稳定，即通过对支架后柱与底座铰接点 O 取矩，得出支架平衡条件：

$$P_{2y}a \leqslant Ggb + P_yc + P_{1y}d \qquad (5-11)$$

式中　P_y——液压支架顶梁中部区外载合力，kN；

　　　P_{1y}——液压支架顶梁端部区外载合力，kN；

　　　P_{2y}——液压支架顶梁尾部区外载合力，kN；

　　　a——液压支架顶梁尾部区外载合力至后柱与底座铰接点的投影距离，m；

　　　b——液压支架重心至后柱与底座铰接点的投影距离，m；

　　　c——液压支架顶梁中部区外载合力至后柱与底座铰接点的投影距离，m；

d——液压支架顶梁端部区外载合力至后柱与底座铰接
点的投影距离，m；

G——液压支架自重，kg；

g——重力加速度，N/kg。

由于复采工作面发生端面冒漏（$P_{1y} = 0$），外载合力作用点
向后柱后方移动。随着顶板的回转，支架顶梁接顶面积逐步减
小，当中部区外载合力作用点移至后排立柱与顶梁铰接点后方
时，$P_{2y}a + P_y c \leqslant Ggb$，支架才能处于稳定状态。然而实际顶板回
转及直接顶自重作用到支架上的力对 O 点的力矩远大于支架自
重产生的力矩。由于支架前端空顶，失去了顶板对支架顶梁前
端区产生的反作用力，液压支架必然会继续抬头。随着支架的
继续前移，支架的稳定性变差，支架向煤壁方向推垮，形成推
垮型失稳事故。

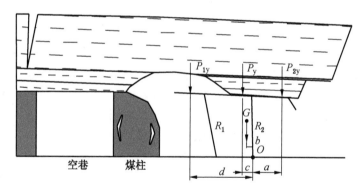

图 5 - 3 顶板回转时支架与外载荷的作用关系

2. 顶板滑落失稳引起支架失稳的力学分析

残煤复采综放工作面发生超前断裂后，由于工作面前方煤
柱失稳，顶煤及直接顶的悬顶长度突然增大，当悬露长度大于
其极限跨距时，顶煤和直接顶垮落至支架前方及空巷内。而直
接顶垮落降低了对断裂顶板的约束，当岩块产生的剪切力大于

铰接点 A 的摩擦力时，岩块沿铰接点切落，出现滑落失稳。滑落的顶板受空巷前方煤体及支架共同支撑，暂时形成稳定结构，此时液压支架与外载荷的作用关系如图 5-4 所示。

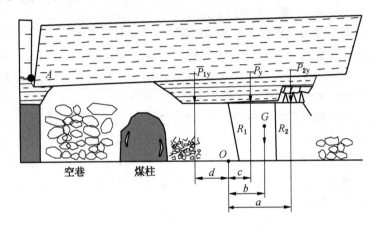

图 5-4　顶板滑落失稳时支架与外载荷的作用关系

　　此时在下列条件下才能保证支架受力平衡稳定，即通过对支架底座前端 O 取矩，得出支架平衡条件如下：

$$P_{1y}d \leqslant Ggb + P_y c + P_{2y}a \tag{5-12}$$

式中　　P_y——液压支架顶梁中部区外载合力，kN；

$\quad\quad P_{1y}$——液压支架顶梁端部区外载合力，kN；

$\quad\quad P_{2y}$——液压支架顶梁尾部区外载合力，kN；

$\quad\quad a$——液压支架顶梁尾部区外载合力至支架底座前端的投影距离，m；

$\quad\quad b$——液压支架重心至支架底座前端的投影距离，m；

$\quad\quad c$——液压支架顶梁中部区外载合力至支架底座前端的投影距离，m；

$\quad\quad d$——液压支架顶梁端部区外载合力至支架底座前端的投影距离，m；

$\quad\quad G$——液压支架自重，kg；

g——重力加速度，N/kg。

当残煤复采综放工作面超前断裂顶板出现滑落失稳时，台阶式滑落的顶板自重作用至支架端部区上方处于弹性状态的直接顶上，此时整个支架的外载合力作用点向煤壁方向移动。同时由于支架尾部区顶梁对其上方顶板的挤压力降低，或顶煤放出时加剧了外载合力作用点向煤壁方向前移，此时 $P_{2y} = G_1 g$，当中部区外载合力作用点移至支架底座垂直投影的前方时，式（5-12）可以写为

$$P_{1y}d + P_y c \leqslant Ggb + G_1 ga \qquad (5-13)$$

然而，顶板滑落岩块及直接顶自重作用到支架上的力对 O 点的力矩远大于支架自重及顶梁尾部区垮落的岩体自重产生的力矩，很难实现式（5-13）中的支架平衡条件。同时由于支架顶梁尾部区顶板垮落，失去了顶板对支架顶梁尾部区产生的反作用力，液压支架后柱被拉伸，前柱泄压，支架尾部区升高。此时，顶板作用到顶梁上的外载对支架产生的水平推力指向采空区。随着支架继续前移，支架的稳定性越差，直至形成推垮型支架失稳事故。

5.2.2 液压支架横向稳定性力学模型及控制条件

5.2.2.1 液压支架横向稳定性力学模型

液压支架横向稳定性力学模型如图 5-5 所示，支架在外载合力、支架自重、上下邻架间的挤靠力、底板合力，以及支架与顶板和底板之间的摩擦力共同作用下，实现支架横向的力学平衡。对支架下侧立柱与支架底座的铰接点 O 点取矩：

$$T_s h + Rc = Qe + Gga + Q_y f_1 h + T_x h \qquad (5-14)$$

式中　　T_s——上邻架间的挤靠力，kN；

T_x——下邻架间的挤靠力，kN；

R——底板合力，kN；

Q——顶梁所承受的外载合力，kN；

G——支架自重，kg；

g——重力加速度，N/kg；

$Q_y f_1$——支架顶梁与顶板之间的摩擦力，kN；

a——支架重心至 O 点的垂线距离，m；

c——底板外载合力作用点至 O 点的垂线距离，m；

e——顶板外载合力作用点至 O 点的垂线距离，m；

h——支架顶梁与顶板摩擦力至 O 点的垂线距离，m。

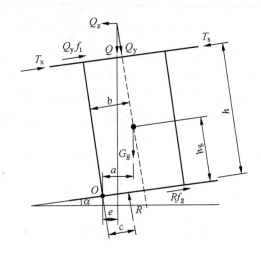

图 5 - 5　支架受力图

下面分 3 种情况对支架的稳定性进行分析。

（1）支架顶梁外载合力作用点投影位于 O 点上侧，此时支架的力学平衡条件满足式（5 - 14）。

（2）支架顶梁外载合力作用点通过 O 点，此时 $e = 0$，式（5 - 14）变为

$$T_s h + Rc = Gga + Q_y f_1 h + T_x h \qquad (5 - 15)$$

（3）支架顶梁外载合力作用点位于 O 点下侧，但支架重心作用线未超过 O 点，式（5 - 14）变为

$$T_s h + Rc + Qe = Gga + Q_y f_1 h + T_x h \qquad (5 - 16)$$

由式（5-14）~式（5-16）可知，支架横向的稳定性除与支架重量、重心位置、煤层倾角有关外，与顶底板作用力及顶梁挤压均有关系。目前，残煤复采所选择的残采煤层倾角较小，基本属于近水平煤层，所以残煤复采综放工作面液压支架横向失稳只存在一种情况，即

$$T_s h + Rc + Qe < Gga + Q_y f_1 h + T_x h \qquad (5-17)$$

5.2.2.2 液压支架支顶时横向失稳力学分析

由相关文献的计算结果可知，当单个支架不支顶时且支架高度为 3.0 m 时，煤层倾角 $\alpha > 36.1°$，液压支架才存在倾倒的可能，支架高度越小，倾倒所需的煤层倾角越大。而残煤复采所开采的煤层为近水平煤层（$\alpha < 8°$），所以此次研究不讨论支架空载时的横向稳定性。

由于煤层倾角小，支架横向失稳方式主要为横向倾斜咬架或压垮（即沿支架立柱与底座铰接点 O 点旋转失稳），当顶梁外载合力作用至 O 点下侧时，取顶梁分离体，对 O 点取矩，得平衡方程为

$$Qe + R_2 2b = Gga + Q_y f_1 h$$

其中，b 为支架立柱距支架中心线的距离，取 $b = 0.4$ m；f_1 为支架顶梁与顶板的摩擦系数，取 $f_1 = 0.3$。令 $h_g = 0.4h$，由于支架立柱抗压不抗拉的特性，当支架处于临界失稳状态时，R_2 的作用力可以忽略不计。顶梁整体支顶时，假定顶梁沿倾斜方向受均布载荷，此时外载合力垂直于顶梁的分力作用于顶梁中心线，支架受力如图 5-6 所示，则支架平衡方程为

$$Q(h\sin\alpha - 0.4\cos\alpha) = Gg(b\cos\alpha - 0.4h\sin\alpha) + 0.3Qh\cos\alpha$$
$$(5-18)$$

整理得

$$Q[h\sin\alpha - (0.4 + 0.3h)\cos\alpha] = Gg(0.4\cos\alpha - 0.4h\sin\alpha)$$
$$(5-19)$$

式（5-18）中应有

$$\begin{cases} h\sin\alpha - 0.4\cos\alpha > 0 \\ 0.4\cos\alpha - 0.4h\sin\alpha > 0 \end{cases}$$

即

$$\tan^{-1}\left(\frac{0.4}{h}\right) < \alpha < \tan^{-1}\left(\frac{1}{h}\right)$$

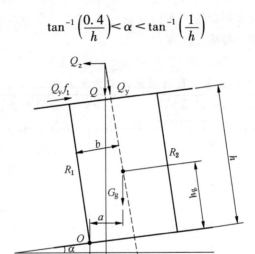

图 5 - 6 均布载荷时支架受力图

当 α 小于下限值时，则支架顶梁外载合力作用点和支架自重作用点均位于 O 点上侧，支架不会发生横向垮架事故；当 α 介于二者之间时，支架是否稳定取决于外载合力的大小及作用点的位置；当 α 大于上限值时，上述两力均位于 O 点下侧，此时支架必然会发生横向垮架事故。表 5 - 1 为不同 h 值时 α 的取值范围。

由式 (5 - 18) 可知，只有当 $h\sin\alpha - (0.4 + 0.3h)\cos\alpha > 0$ 时，支架才存在失稳的可能，取不同 h 值时 α 的最小值见表 5 - 2。

表 5 - 1 不同 h 值时 α 的取值范围

h/m	2	2.5	3	3.5
α/(°)	11.3 ~ 26.6	9.1 ~ 21.8	7.6 ~ 18.4	6.5 ~ 15.9

表5-2 不同 h 值时 α 的最小值

h/m	2	2.5	3	3.5
$\alpha/(°)$	26.6	24.7	23.3	22.3

显然，对于近水平残煤复采而言，当支架顶梁整体支顶时，发生支架横向压垮的可能性较小；但当支架受垂直或大角度斜交于复采工作面的残采巷道的影响时，个别支架由于偏载而发生歪斜，与邻架咬架，但由于复采煤层均选取近水平煤层且整个工作面其他支架均处于稳定状态，支架施加于歪斜支架的挤压力远大于顶板作用到支架上的水平推力。所以当支架偏载时，仅会出现咬架现象，发生多数支架横向垮架的可能性几乎为零。

5.3 采场围岩综合控制技术

由前述可知，对于复采工作面过平行或小角度斜交于工作面的空巷时，复采工作面围岩控制主要包括两个方面：一是控制超前大断裂的产生及顶板破断后基本顶关键块的稳定性；二是控制煤壁片帮及端面冒漏。从影响复采工作面围岩运移的几个因素可以看出，复采采场围岩力学结构不再是一般意义上的支架、煤壁及采空区矸石共同作用的力学系统，而是工作面支架、空巷前方煤体、煤柱及采空区矸石共同作用的力学系统。如果能采用合理的处置方式控制超前大断裂的产生，基本顶按回采实体煤时的规律破断无疑是复采工作面围岩控制最好的效果；同时要控制煤壁片帮和端面冒漏，可以有效降低采场来压时对支架稳定性的影响，而且能够保证工作面的安全生产。由此提出了特定条件下残煤复采采场围岩控制方案。因此，作者根据残采煤层赋存特征，提出了合理的采场围岩控制方案。

5.3.1 改变残煤复采采场顶板破断规律的围岩控制技术方案

改变残煤复采采场顶板的破断规律，其实质是改变顶板的支承压力分布规律。第 4 章的研究结果表明，顶板岩梁破断时，支承压力在断裂线附近集中，即顶板支承压力集中是顶板岩梁破断的诱因。通过分析采场顶板的运移规律及其应力分布特征可知，顶板应力分布规律的改变主要有两种方式：①改变残采煤层赋存结构；②转移并降低顶板支承压力集中位置及其荷重集度。

5.3.1.1 改变残采煤层赋存结构

改变残采煤层赋存结构的实质是对残留空巷进行采前支护，空巷支护也不再是一般意义上的巷道支护，而是把巷道支护作为采场支护的一部分进行统一考虑。其目的是改变采场围岩应力分布规律，使残煤复采采场围岩应力分布特征尽可能与实体煤开采一致。根据空巷赋存结构提出了两种采前处置方案：

（1）对于断面较小且围岩稳定的空巷，采用单体液压支柱配合联锁木垛支护。

断面较小的空巷是指旧采时遗留在采空区内未被刷扩的巷道，巷道宽度小于 4 m，高度不超过 3 m，此类巷道围岩稳定性较好。在掘进揭露空巷之后，采用单体液压支柱配合联锁木垛对空巷进行支护。在空巷距离两巷帮 200 mm 内各支设一排单体支柱，排距 1.0 m，并每间隔 4 m 加打一木垛，木垛间用 5 m 大板联锁。空巷单体液压支柱配合联锁木垛支护如图 5-7 所示。

（2）对于断面较大或围岩失稳的空巷，采用采前充填支护。目前，我国的充填技术有不同的分类方法，按照充填位置分类，分为采空区充填、冒落区充填和离层区充填；按照充填量分类，分为全部充填和部分充填；按照充填动力分类，分为自溜充填、风力充填、机械充填、水力充填；按照充填物质分类，分为水砂充填、干式充填、膏体充填、高水充填等。从经济性和充填体强度考虑，旧采遗留空巷最优的充填材料为高水材料。高水材料由 A、B 两种材料组成并配以复合超缓凝分散剂（又称为外加剂 AA）构成，二者以 1:1 比例配合使用。高水材料具有早强快硬、

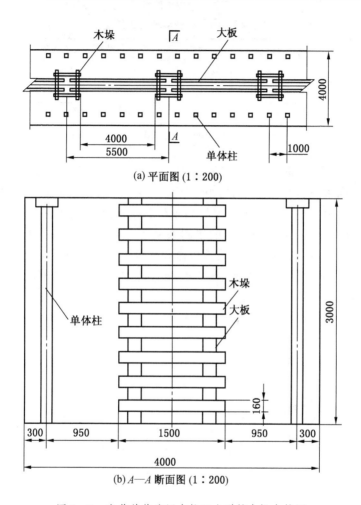

图5-7 空巷单体液压支柱配合联锁木垛支护图

流动性好、初凝时间可调、体应变小及不适于在干燥、开放及高温环境中使用等特点。高水材料固结体抗压强度可根据水体积和外加剂配方的不同而进行调节，且能实现初凝时间在 8 ~ 90 min之间按需调整，不同水灰比的高水材料单轴抗压强度见表 5 - 3。

表5-3　高水材料单轴抗压强度

水灰比	高水材料用量/ (kg · m⁻³)	水用量/ (kg · m⁻³)	单轴矿压强度/MPa		
			1d	7d	28d
1.5:1	542	813	9.14	10.36	11.51
2:1	426	850	6.26	7.92	8.7
2.25:1	385	866	4.74	6.19	7.08
2.5:1	352	880	3.97	5.08	5.44

　　高水材料是一种非常好的充填材料。浆液制备系统可置于井下，也可在地面。生产出的高水材料浆液进入缓冲池，待 A、B 缓冲池分别储存一定量的单料浆液后，同时开启 A、B 柱塞泵，经专用管路将 A、B 浆液输送到充填点，其充填系统示意如图 5-8 所示。将高水材料混合浆液保持在可控时间内凝固，凝固后的固结体支撑顶板。

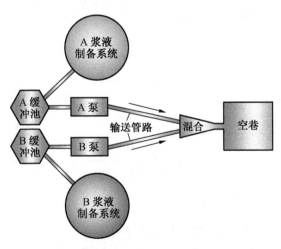

图5-8　高水材料充填系统示意图

　　以上两种方法的适用条件分别是：若在采掘活动中，当空巷宽度较小且高度小于采高空巷揭露时，在保证安全及人员能够进出的前提下，采用单体液压支柱配合联锁木垛进行支护；若空巷高度较大存在顶板安全隐患或者人员无法进入的空巷及空巷宽度较大并发生冒顶，且冒落体未充满垮落空间，顶板处于悬露状态时，采用高水材料充填处置空巷。当空巷宽度较小且高度小于采高时，空巷处置方式与平行空巷相同；当空巷高度大于采高且巷道处于稳定状态时，采用悬吊木垛配合单体支柱支护，目的是在支架进入空巷时能够通过悬吊木垛接顶，保证支架均匀受载。若垂直或斜交空巷高度较大存在顶板安全隐患或者空巷宽度较大且冒顶时，同样采用高水材料充填处置空巷。

5.3.1.2 转移并减弱顶板应力集中的位置及应力集中系数

由前面的分析可知，残煤复采采场上覆岩层破断特征呈不规律性，且发生顶板岩梁超前断裂时极易发生顶板事故。由此作者提出了采用爆破预裂顶板的方式转移并减弱顶板应力集中的位置和应力集中系数。

1. 爆破预裂顶板位置的选取

由顶板超前断裂的力学机理可知，当煤柱宽度达到临界宽度 W^* 时，煤柱开始弹性变形促使顶板沿应力集中线断裂（即顶板悬臂梁的固支端）。由此可以确定爆破预裂顶板应取大于或等于距空巷巷帮 $W^*/2$ 处的顶板位置，如图 5-9 所示。其原理为当工作面推进至煤柱的临界宽度时，煤柱开始弹性变形促使顶板沿顶板预裂位置回转并形成岩梁的铰接结构，使煤柱中的压力发生转移而下降，煤柱反弹仍具有支撑能力；如若煤柱开始失稳而顶板未发生回转，顶板易发生切顶下沉，使支架的载荷急剧增大。

上述分析表明，爆破预裂顶板时应满足：

$$L_1 = A_x + \frac{W^*}{2} < l$$

式中　　A_x——空巷宽度；

　　　　W^*——煤柱临界宽度；

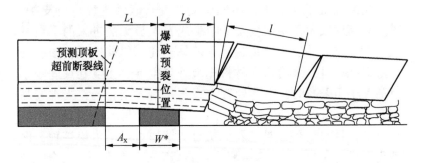

图 5-9 爆破预裂顶板断裂线位置的确定

l——顶板周期断裂步距。

当顶板沿爆破预裂位置断裂后，前方悬臂顶板由其自承能力控制而不发生断裂，此时支架的受力情况与实体煤开采相似，可以保证支架的稳定性。由顶板、煤柱、采空区矸石及支架的相互作用可知，采用爆破预裂顶板改变顶板断裂时应采取有效措施防止端面冒漏，造成支架空顶，使支架受力不均或支架无法前移的情况。

2. 爆破预裂钻孔的布置方式

在工作面两个顺槽距离爆破预裂顶板断裂线后方 5 m 处各布置一组爆破钻孔。钻孔个数依据工作面长度确定，保证炮孔终孔之间的距离小于 20 m，即每组爆破钻孔呈扇形布置，钻孔深度和角度根据煤层、直接顶和基本顶的总厚度确定，但要保证每个爆破钻孔终孔距离基本顶上表面的距离小于 3 m，且终孔均位于爆破预裂顶板断裂线上，如图 5-10 所示。

3. 装药量计算

一般情况下，在预裂爆破中，炮孔壁不被压坏，主要与岩石的抗压强度有关，炮孔之间形成裂缝又主要与岩石的抗拉强度有关，再根据前述预裂爆破装药密度与岩石硬脆性质的关系，得出装药密度计算公式如下：

$$Q = AK \qquad (5-20)$$

$$K = \frac{R_T}{R_c}$$

式中 A——与岩石抗压强度、孔径、孔距等相关的线装药密度值；

K——岩石脆性系数；

R_T——岩石抗拉强度，MPa；

R_c——岩石抗压强度，MPa。

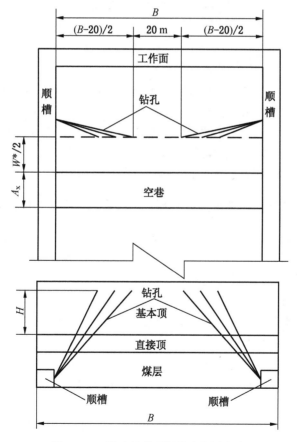

图 5-10 煤破预裂顶板钻孔布置方式

目前，从实质上看，有些预裂爆破装药量计算法的理论依据有缺陷（如费申柯等提出的计算方法），有些虽然理论依据比较充分，但计算中的很多数值变幅很大，一般工程难以试验确定，使其推广应用受到限制。鉴于上述原因，根据经验计算公式且经实践检验，式（5-20）中的 A 值仍采用计算式 $Q = 0.36R_c^{0.63}a^{0.67}$ 进行计算，为便于导出修正指数 a，用 $10K$ 作为岩石脆性基数，所以

$$Q = 0.36R_c^{0.63}a^{0.67}(10K)^{3.7} \qquad (5-21)$$

$$K = \frac{R_T}{R_c}$$

式中　　Q——线装药密度值，g/m；

R_c——岩石饱和极限抗压强度，MPa，取 $R_c = 100$ MPa；

a——孔距，cm；

K——岩石脆性系数，取 $K = 0.081$，无量纲。

所以，首先根据煤层、直接顶和基本顶的总厚度确定钻孔深度后，再根据式（5-21）确定每个钻孔的装药量。

5.3.2　残煤复采采场煤壁片帮及端面冒漏的围岩控制技术方案

根据残煤复采煤壁片帮及端面冒漏发生的机理，确定不论旧采空巷与工作面呈何种相互关系，残煤复采控制煤壁片帮和端面冒漏主要有以下两种方式。

1. 钢钎撞楔法

以钢钎（图5-11）充当撞楔法中的"楔"，即为钢钎撞楔法，属于撞楔法的一种。用一定规格的钢钎强行超前插入破碎带中，以控制破碎围岩移动，同时工作面支架施加挤压作用，使钢钎通过冒顶区域。该法的使用范围为复采工作面位于大面积破碎带内，不存在应力集中的区域。该法的主要作用是钢钎的梁效应，穿设的钢钎形成梁式结构，先行支护围岩，使得钢钎上方的围岩形成一个整体，把围岩扰动控制在最小范围内。

钢钎的梁效应如图 5 – 12 所示。

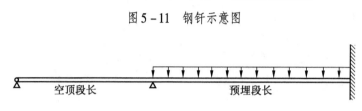

图 5 – 11　钢钎示意图

图 5 – 12　钢钎的梁效应

由于钢钎前端的"尖状"特征，使其更容易穿入迎头前方的围岩中，根据冒顶区范围及围岩破碎情况，钢钎长度可取 2.5 ~ 5 m 不等，间距一般为 750 mm。为保证强度，钢钎直径一般要大于 30 mm。

在工作面煤壁松散段的支架顶梁与煤壁的交接处打眼，眼孔垂直工作面煤壁布置并上仰 10° ~ 15°，眼深为 3 m，眼孔直径为 35 mm，每个支架前方打眼 2 个，眼间距为 0.75 m，拔出钻杆后，及时将钢钎插入以控制顶板破碎煤矸，必要时加挂铁丝顶网，如图 5 – 13 所示。

2. 注浆加固法

采用注浆加固主要利用浆液和散落的煤岩体反应后产生的固化胶结作用、充填介质作用和增强抗压作用。渗透于冒顶区内破碎煤岩体的浆液将其固化黏结为一个整体，最大限度地修复顶板的连续性，保持力的传递，降低了基本顶突然断裂和冲击的风险。浆液在冒顶区固化后极大地提高了冒落体强度，使采场受力均衡，降低了支架承受载荷，缓和了采场矿山压力显现。与此同时，加固材料具有的胶黏特性可以有效地封堵岩石渗水通道，减小冒顶区内渗水，改善作业环境，注入的加固材料充满冒顶区空间，最大限度地驱替了瓦斯等有害气体的积聚。

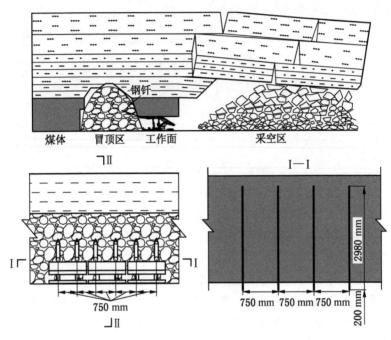

图 5 – 13　工作面过冒顶区时钢钎布置示意图

加固材料目前可以分为两大类：水泥类浆液和化学类浆液。考虑复采工作面回采至冒顶区时能快速通过，必然要求充填材料具有膨胀性好、膨胀速度快、达到强度的时间短，综合比较各种注浆材料，圣华煤业采用罗克休注浆材料对冒落区进行充填。

罗克休泡沫由树脂和催化剂组成，具有高膨胀性，膨胀后体积为原体积的 25～30 倍，泡沫反应迅速，常温下 20～30 s 可反应完毕，20 min 硬化后抗压强度为 0.2 MPa 左右，能临时阻止冒顶区周边围岩运动。其产品性能见表 5 – 4、表 5 – 5。

表5-4　罗克休泡沫基本成分技术数据

基本成分	树脂	催化剂
20 ℃时的密度/(g·m⁻³)	1.2	1.3
混合率/(体积比)	4	1
混合比例/(体积比)	1	1

表5-5　罗克休泡沫聚合成分参数

聚合成分	1	2
适用温度/℃	15	25
反应时间/min	5	2
膨胀率	20~30 倍	20~30 倍
10% 变形压力/MPa	0.1~0.2	0.1~0.2
发火等级	无火焰蔓延	无火焰蔓延

先用罗克休泡沫对冒顶区上部已经形成的空巷进行充填，并对顶部冒顶区围岩进行临时控制，避免再次垮落。加固循环长度视超前施工钢管难易程度而定，一般为 3.5~5 m，管与管的间距为 0.5 m，从中间依次向两边排列，钢管仰角为 10°~20°。前端做成尖体，管体上打好花孔便于注浆。钢管末端采用焊接与注浆管路连接的装置。待冒顶区稳固后，降低采高，快速移架，直至通过冒顶区。顶部冒顶区充填罗克休泡沫如图5-14 所示。

若冒落的煤岩体充满空区，则采用穿钢钎法；若冒落的煤岩体未充满空区，则采用注浆充填处置然后用穿钢钎法处置。由于工作面靠近冒落区附近时，目前的技术手段很难判断顶板岩层冒落是否接顶，为确保安全，复采工作面在冒落区附近先进行注浆充填后，再穿钢钎通过冒落区，同时尽可能降低工作面采高。

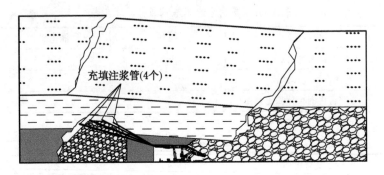

图 5 – 14　顶部冒顶区充填罗克休泡沫示意图

3. 充填加固法

在对空巷进行充填时，高水材料浆液渗入空巷与工作面之间煤柱破碎煤体内，胶结硬化提高了破碎煤体的黏聚力和内摩擦角，提高了煤柱的自承能力。同时，高水材料浆液能够加固空巷两帮及空巷上部破碎煤岩体。

5.4　不同围岩控制方案对支架稳定性的影响

不论采取何种残煤复采围岩控制技术，其根本目的是保证采场支架的稳定性。由前面的分析可知，与工作面大角度斜交或垂直的空巷对支架的稳定性影响较小，因此作者主要针对工作面过平行或小角度斜交空巷时，采用不同的围岩控制方案对支架稳定性的影响进行分析。

5.4.1　旧采空巷采前支护对支架稳定性的影响

由前所述，旧采空巷的采前支护主要采用高水材料充填及单体液压支柱配合联锁木垛两种支护方式。根据工作面过空巷时围岩的力学结构，考虑其极限情况，即采前支护空巷后顶板仍旧发生超前断裂，根据建立的基于残煤复采过平行及小角度斜交空巷时基本顶力学模型（图 3 – 27 和图 3 – 28）。考虑充填体的支护强度后（图5-15），分析空巷支撑体与支架的相互作用关系。

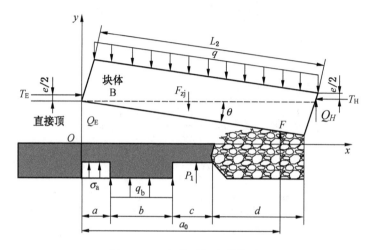

图5-15 空巷顶板力学模型

在考虑空巷充填体的支护强度后，式（3-23）可改写为

$$F_0 = \frac{\sigma_a L_1 a^2}{a + c} + \frac{P_1(2a + c)}{a + c} + \frac{\sigma_t h_z^2}{3} - (a + c)\gamma h_z L_1$$

$$(5-22)$$

式中 σ_a——空巷支撑体支护强度，MPa。

工作面安全地过空巷的基本条件是空巷支撑体与工作面支架共同作用能够保证关键块体 B 的稳定性，防止块体 B 发生回转变形失稳或滑落失稳，同时，对空巷与工作面之间的煤柱提供必要的加固，防止煤柱煤体片帮，实现两帮支撑顶板。为防止块体 A 与块体 B 发生滑落失稳，必须满足以下条件：

$$T_E \tan\varphi \geqslant Q_E \qquad (5-23)$$

式中 $\tan\varphi$——块体间的摩擦因数，一般取0.2。

将式（3-25）代入式（5-23），可以得到块体不发生滑落失稳时空巷支撑体最小支护阻力的计算公式：

$$\sigma_{\mathrm{a}} \geqslant \frac{a+c}{a^2 L_1 [2R_0 - (a+c)]} \times \left[\frac{L_1 L_2 (q + \gamma h)(2k-1)}{2} + \right.$$

$$2R_0 k L_1 L_2 (q + \gamma h) - 2R_0 k L_1 L_2 T_{\mathrm{E}} \tan\varphi -$$

$$2R_0 k L_1 L_2 - 2M_{\mathrm{F_d}} \left] - \frac{a+c}{a^2 L_1} \left[\frac{P_1 (2a+c)}{a+c} + \right.\right.$$

$$\left. \frac{\sigma_{\mathrm{t}} h_z{}^2}{3} - \gamma L_1 h_z (a+c) \right] \qquad (5-24)$$

$$R_0 = L_2 \cos\theta - \frac{(h - L_2 \sin\theta)}{2} \sin\theta$$

$$F_{\mathrm{d}} = \frac{K_{\mathrm{G}} L_1 \tan\theta}{2} (L_2{}^2 \cos^2\theta - \Delta^2 \cot^2\theta) - \Delta L_1 (L_2 \cos\theta - \Delta\cot\theta)$$

$$M_{\mathrm{F_d}} = \frac{K_{\mathrm{G}} L_1 \tan\theta}{3} (L_2{}^3 \cos^3\theta - \Delta^3 \cot^3\theta) - \frac{\Delta L_1}{2} (L_2{}^2 \cos^2\theta - \Delta^2 \cot^2\theta)$$

$$\Delta = M - [M(1-\eta)K_{\mathrm{d}} + h_z (K_z - 1)] - \frac{\gamma H_0}{K_{\mathrm{C}}}$$

为防止块体 B 发生回转变形失稳, 必须满足以下条件:

$$\frac{T_{\mathrm{E}}}{L_1 e} \leqslant \Delta\sigma_{\mathrm{c}} \qquad (5-25)$$

式中　T_{E}/e——块体接触面上的平均挤压应力, MPa;

　　　　Δ——因块体在转角处的特殊受力条件而取的系数, 取 0.45;

　　　　σ_{c}——块体的抗压强度, MPa。

将式 (3-24) 代入式 (5-25), 可以得到块体 B 不发生回转变形失稳的条件为

$$\frac{L_2 (qL_1 L_2) + \gamma h L_1 L_2}{L_1 (h - L_2 \sin\theta)^2} \leqslant \Delta\sigma_{\mathrm{c}} \qquad (5-26)$$

实例分析: 依据圣华煤业地质条件, 取 $s = 80$ m, $R_{\mathrm{t}} = 4.8$ MPa, $a = 6.6$ m, $M = 6.5$ m, $K_{\mathrm{d}} = 1.5$, $K_z = 1.5$, $\eta = 0.8$, $\theta = 10°$, $K_{\mathrm{c}} = 1000$ MPa/m, $K_{\mathrm{G}} = 5$ MPa/m, $\gamma = 0.025$ MN/m³, $h = $

16. 1 m, $h_z = 4.66$ m, $H_0 = 200$ m, $\sigma_t = 2.5$ MPa, $\sigma_c = 70$ MPa, $q = 0.125$ MPa, $c = 5.23$ m, $k = 2.6$。将以上参数代入式（5 – 24）可以求得不同支架工作阻力 P_1 与空巷支撑体支护强度 σ_a 的关系，见表5 – 6，同时将计算结果代入式（5 – 26），如果式（5 – 26）成立，则说明残采采场围岩处于稳定状态。

表5 – 6　空巷支撑体支护强度 σ_a 与支架工作阻力 P_1 的关系

P_1/MN	4.0	5.0	6.0	7.0	8.0
σ_a/MPa	6.87	5.53	4.46	3.88	3.36

由表5 – 6可以看出，随着空巷支撑体支护强度的增加，液压支架所需的工作阻力逐步降低。因此，不论采用何种支护方式均可以有效地改善采场支架的受力状态，只要支撑体支护强度达到所需要求后，即可保证液压支架的稳定性。

5.4.2　爆破预裂顶板对支架稳定性的影响

爆破预裂顶板是改变顶板断裂规律的有效手段。顶板沿着预定的位置进行断裂能够有效地改变采场支架、煤壁及采空区落矸共同作用体的受力特征。下面通过建立爆破预裂顶板过空巷的力学结构模型（图5 – 16），分析爆破预裂顶板后支架的受力状态及其所需的最大工作阻力。

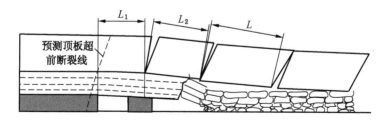

图5 – 16　爆破预裂顶板后采场围岩结构模型

为了便于研究顶板沿预裂位置断裂后支架的受力状态，取爆破预裂位置后方的支架与围岩相互作用关系模型进行分析（图 5 – 17）。钱鸣高院士在《采场支架与围岩耦合作用机理研究》中给出了与图 5 – 17 完全相同的基于"给定变形压力"的支架与围岩相互作用关系模型，因此，此次研究采用该研究结果分析采用爆破预裂顶板对支架稳定性的影响。

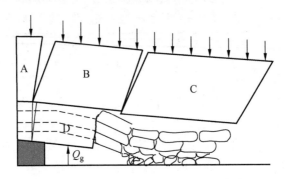

图 5 – 17 支架围岩相互作用关系模型

对液压支架工作阻力的计算可分为两种情况：①直接顶为弹性状态下的给定变形压力；②直接顶为松散介质下的给定变形压力。

直接顶为弹性状态时，支架的最大工作载荷 Q_{gm} 可以由式（5 – 27）确定：

$$Q_{gm} = (2 \sim 4)lbh_1\gamma + \frac{El^2b\cos\alpha\sin(\theta - \theta_1)}{(4 \sim 8)h_1} \quad (5 - 27)$$

式中　　l——直接顶岩块长度，可视为液压支架的控顶距，m；

b——直接顶岩块宽度，即与支架同宽，m；

h_1——采高，m；

γ——岩石体积力，kN/m^3；

α——直接顶断裂倾斜角，(°)；

θ——基本顶回转角，(°)；

θ_1——直接顶回转角，(°)；

E——弹性模量，MPa。

直接顶为弹性状态时，根据国内外现场实测和实验室模拟测定，支架工作阻力与工作面顶板下沉的关系类似于双曲线关系。为了与统计系数相对应，将支架载荷 Q_{gm} 转化为支架单位支护面积的平均载荷 $p_m = Q_{gm}/lb$，直接顶回转平均下沉量用 $\delta_1 = \Delta_1/2$ 表示，则

$$p_m = \sum h\gamma + \frac{El^n\sin^n(\theta - \theta_1)}{(n+1)\left(\sum h\right)^n} \qquad (5-28)$$

式中　　$\sum h$——直接顶高度，m；

　　　　n——压实指数（对于破碎直接顶 $n=3$，对于完整顶板 $n=1$）。

在实际计算支架载荷时，考虑到式（5-28）中某些参数取值困难，用式（5-27）计算较为方便。对于介质的影响，可适当降低弹性模量 E 来近似。由此残煤复采综放工作面采场遇平行或小角度斜交空巷时，顶板沿爆破预裂位置断裂后支架的最大工作阻力由式（5-27）计算确定。

实例分析：圣华煤业 1301 残煤复采放顶煤工作面，取 $\gamma = 0.02$ MN/m³，$\alpha = 75°$，$\theta - \theta_1 = 4°$，$E = 200$ MPa，$l = 3.8$ m，$b = 1.5$ m，$h_1 = 6.5$ m，代入式（5-27），可得 $Q_{gm} = 2.986 \sim 5.97$ MN。

采用爆破预裂顶板后，残煤复采综放工作面液压支架的工作阻力为 2986~5970 kN，对比第 4 章相似模拟实验结果可知，采用爆破预裂顶板后，液压支架所需的工作阻力显著下降。因此只要保证爆破预裂后的顶板能够沿着预裂位置断裂，即可保证液压支架的稳定性。

5.4.3 控制煤壁片帮和端面冒漏对支架稳定性的影响

煤壁片帮和端面冒漏对残煤复采综放工作面的正常生产影

响较大。因此，防止煤壁片帮和端面冒漏是残煤复采安全生产管理的重要内容之一，也是残煤复采采场围岩稳定的根本保证。

端面冒漏是影响支架稳定性的一个主要因素，残煤复采综放工作面引起端面冒漏主要有以下几个因素：①煤壁大面积片帮；②揭露空巷时控顶距突然增大；③残煤复采采场围岩破碎，尤其是工作面进入冒顶区时。根据端面冒漏发生机理，控制端面冒漏主要采用3种形式：一是，对空巷进行充填，高水材料浆液渗入空巷与工作面之间的煤柱破碎煤体内，胶结硬化提高了破碎煤体的黏聚力和内摩擦角，提高了煤柱的自承能力，进而减小了煤壁的片帮程度，从而防止端面冒顶；二是，当工作面进入冒顶区时采用钢钎撞楔法控制端面冒顶，利用钢钎的梁效应，使钢钎上方的围岩形成一个整体，从而阻止端面冒漏；三是，对破碎围岩进行注浆加固，控制端面冒漏。

煤壁片帮和端面冒漏主要表现为对支架纵向稳定性的影响。由图 5-3 可知，由于煤柱失稳，采场顶板来压，此时端面冒漏造成支架顶梁前端空顶，使支架受力不均。当顶板回转产生的作用力传递到支架上方时，由于支架顶梁前方外载合力 P_{1y} 的作用，支架丧失了顶板对支架顶梁前端区产生的反作用力而出现支架抬头，支架抬头导致其支撑能力下降。随着顶板的回转，很可能出现压垮型支架失稳事故。由此可知，控制煤壁片帮及端面冒漏能够提高支架的稳定性，降低发生支架垮架事故的概率。

5.5 本章小结

（1）依据液压支架的稳定性，可将残煤复采放顶煤液压支架稳定性事故分为推垮型事故和压垮型事故。按照其发生机理可归纳为三大类：①局部冒顶引起的支架失稳事故；②直接顶运动引起的支架失稳事故；③基本顶运动引起的支架失稳事故。

（2）依据残煤复采采场围岩—支架相互作用关系建立了液

压支架横向和纵向稳定性力学模型，并对支架失稳机理进行研究。研究结果表明残煤复采采场顶板超前断裂、工作面前方煤柱失稳及空巷顶板冒落是引起支架失稳的主要原因。

（3）通过分析采场顶板的运移规律及其应力分布特征，提出了改变顶板应力分布规律的两种主要方式：①改变残煤复采煤层赋存结构；②转移并降低顶板应力集中的位置及应力集中系数。

（4）通过建立力学模型分析了不同围岩控制方案对支架稳定性的影响，研究结果表明：采用采前支护空巷、爆破预裂顶板和控制煤壁片帮及端面冒漏的采场围岩控制方案后均能提高液压支架的稳定性，从而保证复采工作面的安全生产。

6 复采综放工作面工艺参数优化研究

6.1 综放工作面工艺参数优化原则和工序分析

6.1.1 工作面工艺参数优化原则

工作面工艺参数优化的最终目的是协调放煤和割煤两个工序，使两个工序平行作业，即完成一个循环的两个工序耗时差值尽可能小、两个工序的出煤量与前后刮板输送机和顺槽的运输能力最匹配、单班产量最大化。工作面工艺参数优化原则可用式（6-1）表述：

$$\min(\,|\,t_1 - t_2\,|\,) = \min\Delta t$$

$$\begin{cases} Q_1 + Q_2 \leqslant Q_3 \\ Q_2 \to \max(Q_2) \\ n \to \max(Q) \end{cases} \tag{6-1}$$

式中　t_1——单循环割煤时间；

　　　t_2——单循环放煤时间；

　　　Q_1——前部刮板输送机输出能力；

　　　Q_2——后部刮板输送机输出能力；

　　　Q_3——工作面总运输能力；

　　　Q——单班产量。

6.1.2 工作面主要工序

残煤复采综放工作面从工序上讲，与正常综放工作面基本相同。从工艺优化的角度来说，主要是割煤、放煤两个工序的相互匹配问题。因此分别对这两个工序进行分析，并将割煤时间 t_1 和放煤时间 t_2 两者相结合对工作面回采工艺进行优化研究。

6.1.2.1 割煤工序分析

割煤工序主要包括进刀段和直线割煤段两部分。

1. 进刀段

1）进刀方式

目前我国采用的进刀方式主要有端部进刀和中部进刀两种，两种进刀效果对比见表 6-1。

表 6-1 端部进刀和中部进刀效果对比

进刀方式	端部斜切进刀	中部斜切进刀
循环割煤时间	循环割煤时间较短	循环割煤时间长
空跑效应	端头空跑极少	每循环全工作面空跑一趟
端面顶板控制	可及时移架，有利于端面煤控制，适应范围少	不能及时移架，空顶时间长
与放煤的关系	滞后追机放煤，采放可平行作业，及时移架，有利于放煤	一段割煤，一段放煤，采放可平行作业

2）进刀距离和进刀时间

两种进刀方式都需要一定的行程来完成进刀，进刀距离的长短和时间的快慢受进刀位置煤壁状况和支护难度的影响。进刀距离不少于 30 m，进刀时间在现场测量为 30 min 左右。

结合进刀效果和进刀所需的距离和时间选取最优的进刀方式。

2. 直线段

1）割煤方式

割煤方式有单向割煤、双向割煤两种。

割煤方式与进刀方式相统一，工作面现场选用端部斜切进刀割三角煤的进刀方式和双向割煤的割煤方式，工序为：

机尾进刀——进刀完成返回割三角煤——割通煤壁至机头——割煤机掉头——机头进刀——进刀完成返回割三角

煤——割通煤壁至机尾——割煤机掉头。

采用这种方式完成一个循环所需的时间较短，割煤机空行距离少。但是工作面机头、机尾位置为老区空巷严重影响区域，故有待进一步研究优化。

端头斜切进刀留三角煤、单向割煤的割煤方式也适用该工作面，工序为：

机尾进刀——进刀完成——割通煤壁至机头——割煤机掉头——跑空刀清理浮煤——割机尾留三角煤至机尾——割煤机掉头。

这种割煤方式在该工作面有其独到的优势。采用这种割煤方式会出现一段割煤机空行阶段，采煤机的空行速度主要和采煤机的性能相关，控制速度一般略小于其最大速度。

2）割煤速度

割煤速度除了受割煤机自身和现场情况的限制外，还需要考虑其他工艺参数，选取适合的割煤速度 V_g。

（1）以运输能力为约束条件确定割煤速度 V_{g1}。工作面总运输能力 Q_3 减去后部刮板输送机实际生产输出能力 Q_2，可得出前部刮板输送机允许输出能力 Q_1，根据 Q_1 可算出 V_{g1}。

$$V_{g1} = \frac{Q_3 - Q_2}{60hl} \qquad (6-2)$$

式中　h——采高；

　　　l——割煤机截深。

（2）以采放平行为约束条件确定割煤速度 V_{g2}。工作面放煤总时间与采煤机完成一刀的割煤总时间相同。

$$V_{g2} = \frac{L_z}{t_2 - t_j} \qquad (6-3)$$

式中　L_z——割煤直线段长度；

　　　t_2——放煤总时长；

　　　t_j——进刀时间。

（3）以移架速度为约束条件确定割煤速度 V_{g3}。为了防止工作面出现过长的空顶时间，移架速度应不小于割煤速度，若单组移架工移架速度过慢，可采用多组同时分组或分段进行移架，以提高移架速度。

（4）以产量要求为约束条件确定割煤速度 V_{g4}。以保证年产量为标准求得割煤机的最小速度。

合理的割煤机速度应该在 V_{g3} 与 V_{g4} 范围内选取，最优选择为 V_{g1} 或 V_{g2}，见下式。

$$\begin{cases} V_g = V_{g1} \text{ 或 } V_{g2} \\ V_{g4} \leqslant V_g \leqslant V_{g3} \end{cases} \qquad (6-4)$$

割煤工序流程如图 6-1 所示。

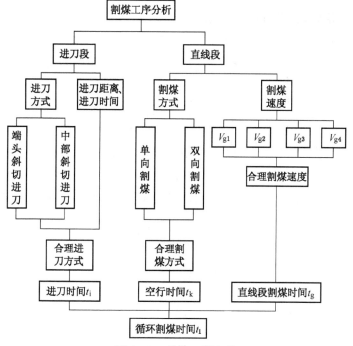

图 6-1 割煤工序流程

6.1.2.2 放煤工序分析

放煤工序分析主要是确定合理的放煤方式，主要采用实测手段评价分析。

（1）根据工作面的冒放性提出 3 种不同放煤方式的合理方案。

（2）运用 PFC（Particle Flow Code）数值模拟进行详细的理论分析。

（3）在工作面生产现场，对拟定的 3 种方案进行现场试生产，实测各方案的放煤效果。根据对放煤效果的评价标准（采出率高低或煤质好坏）确定最优的放煤方式。

（4）实测 3 种方案的放煤工序所需时间参数，包括单架放煤时间、单口多架连续放煤时间、采用双轮放煤还要分别测量第一轮放煤时间和第二轮放煤时间。

放煤工序分析流程如图 6-2 所示。

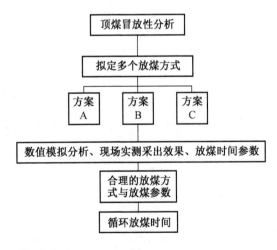

图 6-2 放煤工序分析流程

6.2　复采综放工作面放煤参数数值模拟及优化研究

在综放工作面开采中，放煤工艺是重要的环节之一，选择合理的放煤方式和放煤步距是提高工作面产量、提升原煤品质和煤层采出率的重要措施。对于复采工作面来说，煤层赋存情况复杂，不同区域受旧采区空巷的影响，顶煤的强度、硬度不同，造成顶煤冒放性差异较大，不同的放煤步距和放煤方式对顶煤造成的影响也不相同，因此合理选择放煤步距和放煤方式更为重要。作者依据散体介质相似理论，运用 PFC2D（散体颗粒流）数值模拟软件的实验方法，以圣华煤业 3101 工作面现场实测数据为依据，研究在不同尺寸空巷的影响下，不同的放煤步距和放煤方式对顶煤运移规律、煤岩流动轨迹，以及顶煤的回收率和含矸率的影响。通过模拟得出最优的放煤步距和放煤方式，在此基础上运用 PFC 软件模拟分析选择最佳的放煤参数。此次研究，在现场实测的基础上通过数值模拟，得出圣华煤业 3101 工作面合理的放煤参数，实现工作面的高产高效生产。同时，为类似复采工作面放煤步距的选择提供一定的理论基础。

6.2.1　PFC 模拟的基本原理

PFC 是由美国明尼苏达大学和美国 Itasca Consulting Group Inc. 开发的离散单元法的计算软件，通过离散单元法来模拟圆形颗粒介质的运动及其相互作用。在离散单元分析中，两单元之间的相互关系是通过压缩弹簧和剪切弹簧以接触力的形式来模拟的。在弹性阶段，单元体之间的法向增量和切向增量分别与对应的相对位移量成正比，由于计算单元处于散体状态，单元之间不能承受拉应力，当有拉应力发生时，使得法向力和切向力为零。当单元之间接触点的剪切力达到准则确定的最大值时，接触点发生塑性剪切破坏，单元之间的剪切力大小取极限值。单元的运动方式由作用在其上的不平衡合力和合力矩所决定。根据相邻单元的叠合关系，利用上述原理可以计算单一单元所受的合力和合力矩。由此，根据牛顿第二定律可求得单元质心处的加速度和角加速度，采用差分格式求解公式可得岩块的平移和转动，在每一个时间步长进行一次迭代，根据前一次计算所得的单元位置，求出接触力，作为下一次迭代的出发点，用以求得单元的新位置。

放顶煤采煤方法中，顶煤放出的过程和煤矸堆积状态可视为粒状集合体的破裂和破裂发展问题，以及散体介质流动问题，所以应用 PFC 对顶煤放出过程及煤矸堆积状态进行模拟能取得较好效果。

在矿压作用下，顶煤从煤壁前方始动点开始运移至放煤口将形成松散破碎体，在顶煤破断线、支架掩护梁、冒落矸石堆积边界的状况下，当打开支架放煤口后，散体煤将形成散体流，如图 6－3 所示。在综放工作面推进过程中，顶煤与直接顶在工作面上方已经完全破碎，形成松散体，因而其运移和放出符合散体流动规律，如图 6－4 所示。在由散体顶煤与散体顶板组合成的复合散体介质中，支架放煤口成为介质流动和释放介质颗

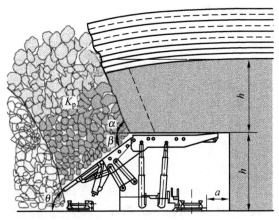

图 6－3　综放开采顶煤冒落形态

粒间作用应力的自由边界，支架上部和后部的散体会以阻力最小的路径逐渐向放煤口移动，散体介质内形成了类似于牵引流动的运动场，这样的顶煤流动与放出过程，称为顶煤运移的散体介质流模型。模拟的主要目的是描述顶煤顶板的运移规律。

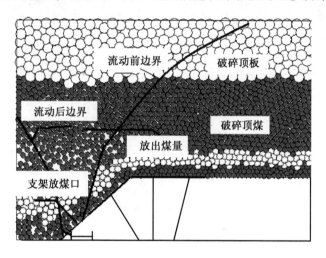

图 6 - 4　散体介质流实验模型

6.2.2　放煤步距研究模型建立

该模型以圣华煤业 3101 工作面残煤复采综放工作面的地质条件为背景建立，煤层平均埋深为 200 m，煤层平均厚度为6.6 m，割煤高度为 2 m，采放比为 1∶2.3。模型介质由顶煤及顶板矸石两部分组成，采用圆形单元模拟破碎顶煤和矸石。顶煤分为两层，煤体容重为 14000 kN/m³，法相刚度为 2.0 × 10^8 N/m，切向刚度为 2.0 × 10^8 N/m；矸石则用红色单元表示，矸石容重为 25000 kN/m³，法相刚度为 4.0 × 10^8 N/m，切向刚度为 4.0 × 10^8 N/m，用倾斜壁单元模拟低位放顶煤支架掩护梁与尾梁，放煤口尺寸为 0.7 m。

根据该煤层的实际赋存情况，建立 3 种初始模型，如图 6 -

5 所示。

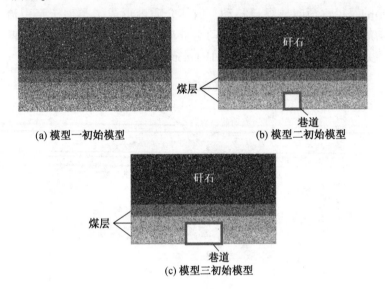

(a) 模型一初始模型　　　　　(b) 模型二初始模型

(c) 模型三初始模型

图 6-5　初始模型示意图

模型一工作面前方为实体煤, 如图 6-5a 所示。

模型二工作面前方为一宽度 2.5 m, 高度 2.0 m 的旧采小空巷, 如图 6-5b 所示。

模型三工作面前方为一宽度 6.0 m, 高度 3.0 m 的旧采小空巷, 如图 6-5c 所示。

经过模拟计算, 力的传递和煤体及煤层上方顶板的运移, 形成开采前空巷的状态, 如图 6-6 所示。

对以上 3 种煤层赋存状态模型分别采取一采一放 (放煤步距 0.6 m)、两采一放 (放煤步距 1.2 m)、三采一放 (放煤步距 1.8 m), 3 种不同放煤步距的模拟, 共 3 组, 9 个计算模型。

6.2.3　放煤步距研究模拟过程分析

在对模拟过程进行描述前, 引入煤岩分界线、煤矸流动轨

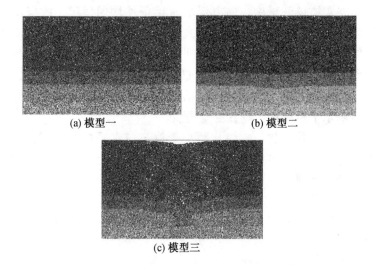

(a) 模型一 (b) 模型二

(c) 模型三

图 6-6 开采前模型状态

迹的概念。在工作面推进过程中，支架呈步距式前移，从而改变了原有煤岩与支架放煤口的相对位置。移架后，支架上方及斜后方上的煤岩失去了支架的浮托作用，向下前方向运动，填补了支架原先占有的空间从而使初始放出煤体的前部煤岩分界线形状发生了重要变化。此时移架后的前部煤岩分界线是下次放煤的边界线，称为放煤初始边界线。工作面推进过程中的放煤就是在放煤初始边界下完成的，放煤结束后，形成了新的煤岩分界线，称为放煤停止边界线。再次移架后，形成新的放煤初始边界。依此类推，周而复始，因此放煤初始边界线和放煤停止边界线围成的煤量就是一个放煤循环中应放出的煤量，由于放煤步距、顶煤运移规律等方面的影响，其中部分顶煤无法放出，形成了步距损失。

模型一（一采一放）如图 6-7 所示。

模型一（两采一放）如图 6-8 所示。

模型一（三采一放）如图 6-9 所示。

在实体煤开采中，前方煤层赋存条件均匀稳定，放煤步距累加对顶煤的运移规律影响不大。从煤壁深处原始状态到成为散体冒落到工作面后方，这一连续发展的破坏过程可划分为原始状态区、压缩变形区、拉剪破坏区、散体冒落区4个区域。顶煤主要在支架上方的散体冒落区域发生大位移错动，煤矸流动轨迹水平距离短，垂直变量剧烈。

采用一采一放，放煤步距小于放煤口水平投影长度，上部顶煤超前向放煤口位置流动，在一半高度处上部顶煤流动出现明显的滞后现象，中部顶煤可流畅地从放煤口流出。后部矸石前涌速度快过上部矸石下沉速度，后部矸石提前到达放煤口，开始放煤一段时间后放煤口见矸，但此时仍可继续放出大量顶煤，而后顶煤和矸石会一同涌出，矸石含量缓慢增加，直至后部矸石堵住大部分放煤口。放煤步距损失量少的，为上部顶煤。

(a) 步数1

 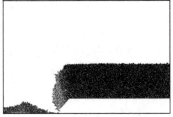

(b) 步数5

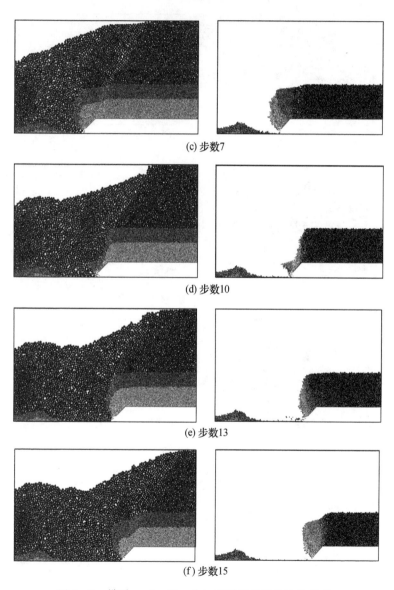

(c) 步数7

(d) 步数10

(e) 步数13

(f) 步数15

图6-7 模型一（一采一放）顶煤运移颗粒流及位移

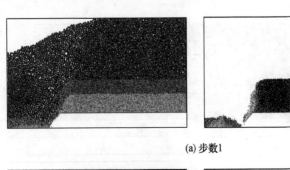

(a) 步数1

(b) 步数4

(c) 步数6

(d) 步数8

图 6-8　模型一（两采一放）顶煤运移颗粒流及位移

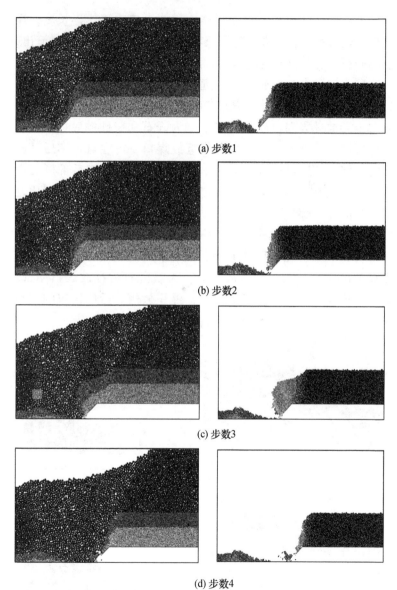

(a) 步数1

(b) 步数2

(c) 步数3

(d) 步数4

图6-9 模型一（三采一放）顶煤运移颗粒流及位移

采用两采一放，放煤步距略大于放煤口水平投影长度，煤矸流动轨迹平滑，支架上部顶煤和放煤口后部顶煤可同时流出，上部矸石和后部矸石可基本同时到达放煤口。

采用三采一放，放煤步距远大于放煤口水平投影长度，此时放煤口单次放出量大，放煤初始边界线跨度大，靠向采空区方向，沿推进方向，后部顶煤下方为矸石和坚硬的底板，使得后部顶煤流动性差，下方顶煤靠近放煤口，可在自重和后部矸石的推移下从放煤口放出，放出煤体的原有空间被后部矸石占据，使得上方顶煤形成一个稳定不宜放出的三角煤。而相比之下，中部即放煤口上方顶煤活动空间大，流动性强，会优先从放煤口流出，前部超前流动顶煤区域较小，流动量不大，上部矸石会在中部出现明显的下凹。随着顶煤的流出，上部矸石会贯穿中部区域顶煤，到达放煤口，大量矸石占据放煤口中部，两侧的顶煤无法放出，只能关门，停止放煤。后部区域的三角煤成为步距损失，留在放煤口后方。

模型二（一采一放）如图 6－10 所示。

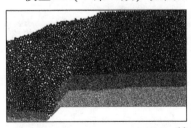 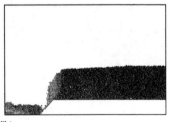

(a) 步数1

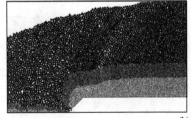 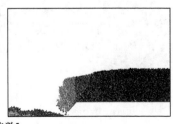

(b) 步数5

(c) 步数7

(d) 步数9

(e) 步数13

图 6 – 10　模型二（一采一放）顶煤运移颗粒流及位移

模型二（两采一放）如图 6 – 11 所示。

模型二（三采一放）如图 6 – 12 所示。

模型二为煤层中存在一宽 2.5 m，高 2 m 的旧采巷道 a，在地应力作用下，空巷无有效支护，巷道周边的煤体变形将会超出其极限而发生强度破坏，巷道周边围岩处于双向受压状态（无围压）。故发生强度破坏后围岩的承载能力将完全丧失（无残余强度），继而发生垮塌、冒落等现象，并因此而丧失对其深部围岩径向变形的约束作用，使深部围岩也依次由三向受压状态转化为双向受压状态，继而发生同样机理的破坏与失稳现象。以模拟观察到的顶煤颗粒密度为判定标准，复采前顶煤受空巷 a 影响的半径大约为 M，空巷上方为影响最剧烈的区域。在影响范围内，顶煤裂隙发育，破碎程度高于原始状态，强度、硬度各方面的力学参数均有所降低。当工作面靠近空巷影响范围时，对比与实体煤开采，支架前方压缩变形区和拉剪破坏区不止受支承压力的影响，还主要受空巷变形后应力重新分布的影响，区域内的煤体破碎状态也弱于实体煤开采时的状态。顶煤始动点会更加深入煤壁，煤矸流动轨迹跨度更大，坡度更缓。随着工作面的推进，工作面前方状况一直变化，故随着步距的累加，煤矸运移规律有所不同。

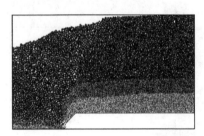 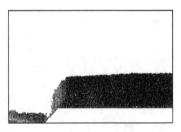

(a) 步数2

 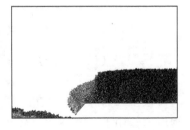

(b) 步数4

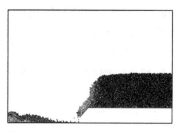

(c) 步数5

(d) 步数6

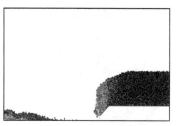

(e) 步数8

图6-11　模型二（两采一放）顶煤运移颗粒流及位移

采用一采一放，当开始进入空巷影响范围时，煤矸流动轨迹与实体煤开采基本相同，后部矸石总优先到达放煤口。随着放煤步距的累加，支架前方支承压力区与空巷应力集中区叠加，前方煤体超前流动区域，煤体破碎程度和流动性都增强。随着放煤口上部煤体的流出，释放出的空间将被前方顶煤优先占据，前方超前流动区域的顶煤将会先于移架并顺着支架掩护梁到达放煤口，而放煤口后上方的顶煤出现滞后现象不易被放出，后部矸石先于上部矸石从放煤口后方下部涌向放煤口。放煤停止边界将呈现前方靠近支架，后方隆起的形态。

采用两采一放，煤矸流动轨迹呈圆滑曲线，上部顶煤滞留的情况有所缓解，由于步距变大，中部易放出的煤体范围变大，放煤口上方煤体流出后，会空出较大空间，此时前方受空巷影响区的顶煤开始向放煤口超前流动，占据中部流出顶煤释放的空间，使得顶煤超前流动的范围向煤壁内延伸，直到旧采空巷上部（破碎情况最严重的地方）。随着煤体的持续流出，在此点位置出现一阶梯式分界线，靠近工作面方向的顶煤流出量越来越多，而远离工作面方向的顶煤不会发生剧烈的超前移动，两个梯度垂直位移越来越大。在水平方向顶煤缓慢向工作面方向移动，由于超前流动煤体的阻挠，上方矸石的下沉速度慢于后方矸石的前涌速度，后部矸石总提前到达放煤口，煤矸混合流出放煤口，此时放煤口附近煤体基本都已放出。放煤停止边界线紧靠支架掩护梁。

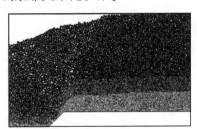

(a) 步数1

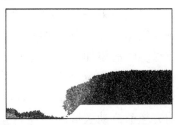

(b) 步数3

(c) 步数4

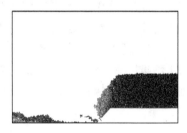

(d) 步数5

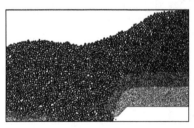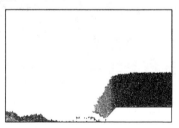

(e) 步数6

图6-12 模型二（三采一放）顶煤运移颗粒流及位移

采用三采一放，放煤步距较大，与实体煤三采一放时的现象基本相同，只是进入空巷影响范围内，顶煤更加破碎，流动性更强，上部矸石更容易窜入煤层从放煤口流出，造成混矸，需关门，停止放煤。采用三采一放前方超前流动区的范围变大，部分煤体会超前流出，使得下次移架放煤口附近煤量少，上次从中部窜出的矸石很快会从后上方位置涌向放煤口，造成流出煤体含矸。随着步距的累加，上述两种情况周期性出现。

模型三（一采一放）如图 6 – 13 所示。

模型三（两采一放）如图 6 – 14 所示。

模型三（三采一放）如图 6 – 15 所示。

模型三为煤层中存在宽 6.0 m，高 3.0 m 的扩帮巷道，无有效支护，经长期的地应力作用，巷道内顶板大面积垮落，两帮片帮严重，几乎被周围破碎煤体填充。煤层上覆直接顶也遭到破坏、垮落。相比较模型二此模型下空巷影响区内的顶煤破碎更严重，超前流动现象更加剧烈，影响范围更广，受到二次采动影响时，变形区域更广泛，煤矸流动轨迹跨度更长，坡度更加平缓。在放煤口附近会出现煤层厚度局部变小，采放比增加的现象。

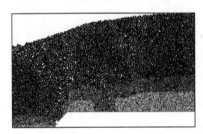

(a) 步数1

(b) 步数5

(c) 步数6

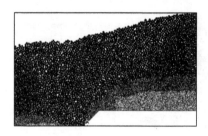

(d) 步数8

(e) 步数12

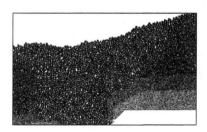

(f) 步数14

图6-13 模型三（一采一放）顶煤运移颗粒流及位移

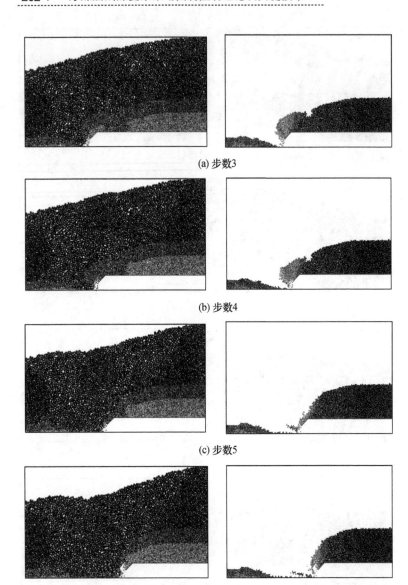

(a) 步数3

(b) 步数4

(c) 步数5

(d) 步数7

图 6-14 模型三（两采一放）顶煤运移颗粒流及位移

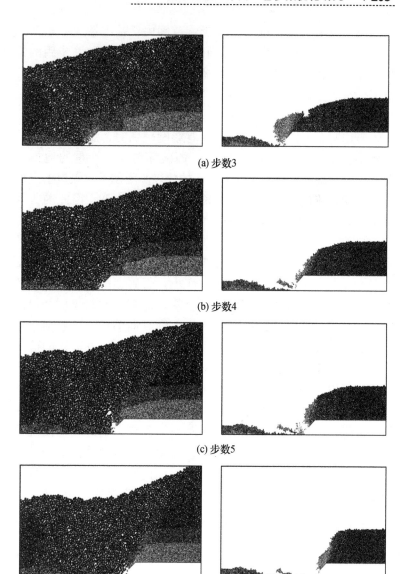

(a) 步数3

(b) 步数4

(c) 步数5

(d) 步数6

图6-15 模型三(三采一放)顶煤运移颗粒流及位移

采用一采一放，进入空巷影响范围内，基本情况如模型二——采一放，后方矸石先于上部矸石到达放煤口。随着步距的累加，深入空巷影响范围，煤体超前流出，使得放煤口上方煤层厚度变小，上部矸石会同时甚至超前于后部矸石到达放煤口，步距损失较少。

采用两采一放，在刚进入空巷影响范围时，煤矸流动轨迹的始动点在原空巷正上方位置 A（即破坏情况最严重的地方），跨度大，超前流动区域大，1.2 m 的放煤步距使得放煤口上方的流动空间和流出速度与前方超前流动速度相协调。因此前方煤体可连续超前向放煤口方向流出，造成局部煤层变薄的现象。放煤口前方顶煤的流动性强，放煤口后方的顶煤与支架上方的顶煤相比不易流出，形成滞后现象。随着放煤步距的累加，支架上方煤量大量流失，顶煤厚度变小，而放煤口后方有大量遗留顶煤无法充分放出，上部矸石会从中部窜入截断煤层，提前到达放煤口，造成步距损失；工作面继续向前深入，在到达 A 点前由于超前流动剧烈，前方顶煤大量流失，后方窜入的矸石和上部矸石会很快到达放煤口，每一步距可放出的顶煤量少且基本都可以完全放出。到达 A 点后，情况基本与实体煤相同。

采用三采一放，放煤步距大，大量顶煤失去约束成为散体煤从放煤口流出，形成大量的活动空间和较大的跨度，而且上方直接顶已出现一定程度的破碎，会随之破碎垮落，优先于前方超前流动顶煤占领空隙，窜入煤层提前到达放煤口，形成含矸现象，此时采空区煤体无法放出，形成步距损失。

6.2.4 放煤步距模拟结果分析

根据数值模拟可以看出，由于工作面前方空巷的存在形成了空巷影响区，以空巷为中心向四处扩散，在应力重新分配和围岩运移下，空巷中心成为被周围破碎煤体填充的区域。再往外为塑性区、弹性区，煤体的完整性、强度越来越强，破碎性越差，各个区域的范围由巷道原尺寸决定，如图 6 – 16 所示。当工作面向空巷推进时，受采动影响弹性区发生二次扰动，破坏变形，形成多米诺骨牌效应，内部裂隙轻易与塑性区贯通相连，使得顶煤位移始动点向煤壁深处延伸到空巷影响区中心位置，煤矸流动跨度变大，二次采动影响范围变大，如图 6 – 17 所示。而当到达空巷向实体煤行进时，靠近工作面的方向为塑性区，与放顶煤破碎运移规律同步，故顶煤运移规律基本与实体煤相同，如图 6 – 18 所示。故只需对各个模型进入空巷前和

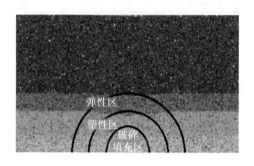

图 6 - 16　空巷影响区示意图

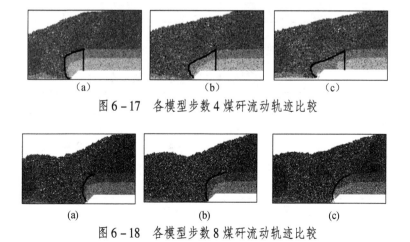

（a）　　　　　　　　（b）　　　　　　　　（c）

图 6 - 17　各模型步数 4 煤矸流动轨迹比较

（a）　　　　　　　　（b）　　　　　　　　（c）

图 6 - 18　各模型步数 8 煤矸流动轨迹比较

进入空巷时两个阶段进行分析，结合空巷的影响范围，对于 3 种方案只研究起始位置至推进 7 m 左右位置这一段距离即可了解各放煤方式的放煤效果。

6.2.4.1 实体煤开采各放煤步距放煤效果分析

实体煤，一采一放，放煤效果见表 6-2。

表 6-2 模型一 (一采一放) 放煤效果

步数	出煤量/t	放出矸石量/t	含矸率/%
2	0.29	0.19	0.40
3	0.77	0.22	0.22
4	2.10	0.82	0.28
5	1.80	0.23	0.11
6	2.61	0.76	0.23
7	4.31	1.31	0.23
8	6.07	3.48	0.36
9	8.95	4.95	0.36
10	6.25	5.00	0.44
11	2.09	1.72	0.45
12	1.96	0.73	0.27
总计	37.2	19.41	0.34

实体煤，两采一放，放煤效果见表 6-3。

表 6-3 模型一 (两采一放) 放煤效果

步数	出煤量/t	放出矸石量/t	含矸率/%
2	1.24	0.02	0.02
3	2.74	0.50	0.15
4	5.02	0.60	0.11
5	9.02	1.20	0.12
6	17.96	2.94	0.14
总计	35.98	5.26	0.13

实体煤，三采一放，放煤效果见表 6-4。

表 6-4 模型一（三采一放）放煤效果

步数	出煤量/t	放出矸石量/t	含矸率/%
2	2.90	0.02	0.01
3	9.37	1.65	0.15
4	19.35	3.56	0.16
总计	31.62	5.23	0.17

表 6-2 ~ 表 6-4 为实体煤开采中，不同放煤步距条件下顶煤的放出效果，推进距离相同，都为 7.2 m，即一采一放放煤 12 次，两采一放放煤 6 次，三采一放放煤 4 次，采用每种放煤步距，其动用顶煤储量均为 41.86 t。不同放煤步距的放煤效果对比分析如下：

（1）当采用一采一放，即放煤步距为 0.6 m 时，放煤口水平投影宽度大于放煤步距，放煤口见矸后继续放煤，直至放煤口的煤矸比达到 2:1 时关门，停止放煤，则顶煤损失很小，放出总煤量为 37.18 t，顶煤放出率为 88.8%。而放出煤体含矸率却高达 11% ~ 45%，平均含矸率为 34%，即要获得高的顶煤采出率，必须要大幅度降低煤质。相反，如果要使顶煤含矸率保持在较低水平，顶煤必然损失很多。

（2）当采用两采一放，即放煤步距为 1.2 m 时，放煤口水平投影宽度略小于放煤步距，放出总煤量为 35.97 t，顶煤放出率为 85.9%，比采用一采一放时采出率降低了 3%。但顶煤含矸率却降低到 13%，这是因为采用两采一放，后部矸石和上部矸石基本可同时协调到达放煤口，煤质和采出率均可达到最优。

（3）当采用三采一放，即放煤步距为 1.8 m 时，放煤口水平投影宽度远小于放煤步距，放出总煤量为 31.61 t，顶煤放出率为78%，比采用一采一放时采出率降低了约10%。顶煤含矸率为14%，与采用两采一放相比，采出率大幅降低，煤质变差，若将采出率提高到与放煤步距1.2 m时相当，煤质将大幅降低。而若将煤质保持两采一放的水平，则采出率将再下降。这是上部矸石超前于后部矸石到达放煤口所产生的必然结果。

（4）综上所述，实体煤开采中，综合考虑顶煤的采出率和煤质两个方面，可以确定合理的放煤步距，即当采用两采一放时，煤质和采出率可以达到最优效果。

6.2.4.2 过小断面空巷各放煤步距的放煤效果分析

模型二（一采一放）放煤效果见表6-5。

表6-5 模型二（一采一放）放煤效果

步数	出煤量/t	放出矸石量/t	含矸率/%
2	0.83	0.33	0.28
3	1.79	0.92	0.34
4	1.56	1.05	0.40
5	3.17	1.69	0.35
6	8.23	4.47	0.35
7	8.53	2.88	0.25
8	4.60	3.10	0.40
9	0.70	0.25	0.26
10	0.65	0.11	0.14
11	1.15	0.84	0.42
12	1.31	1.03	0.44
总计	32.52	16.67	0.34

模型二（两采一放）放煤效果见表6-6。

表6-6　模型二（两采一放）放煤效果

步数	出煤量/t	放出矸石量/t	含矸率/%
2	0.97	0.12	0.11
3	6.41	1.02	0.14
4	8.35	0.65	0.07
5	11.66	1.51	0.11
6	2.88	0.67	0.19
总计	30.27	3.97	0.14

模型二（三采一放）放煤效果见表6-7。

表6-7　模型二（三采一放）放煤效果

步数	出煤量/t	放出矸石量/t	含矸率/%
2	3.22	0.51	0.14
3	13.56	6.96	0.34
4	12.90	7.78	0.38
总计	29.68	15.25	0.29

表6-5～表6-7中工作面前方为宽2.5 m，高2.5 m的旧采空巷，推进距离为7.2 m，动用顶煤储量为35.67。不同放煤步距的放煤效果对比分析如下：

（1）采用一采一放时，放煤口上部仍有大量顶煤无法放出，需继续放煤，直至煤矸比达到2:1时，放煤口上部顶煤基本可充分放出，顶煤损失量较小，出煤量为32.51 t，顶煤放出率为91%，高于实体煤同条件开采，因为顶煤的破碎程度较高，冒放性好。但是含矸率较高，为34%。若要提高煤质，顶煤损失量将大幅增加；而同样要增加采出率，煤质将变差。

（2）采用两采一放时，出煤量为30.28 t，顶煤放出率为85%。在图6-11中2、4、5三步时，单步顶煤放出量较大，且逐步递增。其原因：一是放煤口后方顶煤量增加；二是前方顶煤出现超前流动现象，且随着工作面的推进越来越剧烈。放出顶煤的含矸率为14%。采用该放煤步距，当矸石到达放煤口时，放煤口附近的顶煤基本可以充分放出，顶煤放出率和含矸率可同时达到较理想的效果。

（3）采用三采一放时，出煤量为29.67 t，顶煤放出率为83%，而含矸率却高达29%。因为上部矸石更容易随放煤口上部顶煤流出，随之到达放煤口，造成混矸现象，使得含矸率和顶煤放出率都不合理。

综上所述，在工作面通过小断面旧采区空巷时，两采一放顶煤损失量较小，煤质较好，是最合理的放煤步距。

6.2.4.3 过大断面空巷各放煤步距的放煤效果分析

模型三（一采一放）放煤效果见表6-8。

表6-8 模型三（一采一放）放煤效果

步数	出煤量/t	放出矸石量/t	含矸率/%
2	0.13	0.03	0.19
3	0.28	0.03	0.10
4	1.65	0.12	0.07
5	1.69	0.31	0.16
6	5.62	0.83	0.13
7	0.40	0.09	0.19
8	7.09	1.54	0.18
9	0.66	0.08	0.11
10	3.86	1.08	0.22
11	3.77	0.53	0.12
12	2.03	0.19	0.09
总计	27.18	4.83	0.15

模型三（两采一放）放煤效果见表6-9。

表6-9 模型三（两采一放）放煤效果

步数	出煤量/t	放出矸石量/t	含矸率/%
2	1.12	0.02	0.02
3	3.72	0.52	0.12
4	7.26	2.10	0.22
5	10.60	3.50	0.25
6	2.00	0.94	0.32
总计	24.70	7.08	0.22

模型三（三采一放）放煤效果见表6-10。

表6-10 模型三（三采一放）放煤效果

步数	出煤量/t	放出矸石量/t	含矸率/%
2	3.68	0.35	0.09
3	5.98	0.03	0.01
4	12.35	1.46	0.11
总计	22.01	1.84	0.08

表6-8~表6-10为通过宽6.0 m，高3.5 m的旧采区空巷，推进距离为7.2 m，动用顶煤储量为29.71 t。不同放煤步距的放煤效果对比分析如下：

（1）当采用一采一放时，顶煤放出量为27.17 t，顶煤放出率为91%，含矸率为15%。当工作面进入空巷影响区时，顶煤裂隙发育成熟，破碎度高，冒放性强，在支撑应力的作用下顶煤受压，产生明显的超前流动现象，工作面上方煤层局部变薄，采放比变小。此时选用一采一放，放煤口上方的顶煤可在后方矸石涌入前大部分被放出，顶煤损失量和含矸率均较低。

（2）当采用两采一放时，顶煤放出量为24.71 t，顶煤放出率为83%，含矸率为22%。与通过小巷道时相比，放出率和含矸率均不理想，主要原因是局部采放比减小，使得上部矸石提前与后部矸石到达放煤口，顶煤无法放出。采用此放煤步距放煤时，随着步距的累加放煤口后方会出现大量顶煤积聚，若周期性地牺牲煤质，调整关口原则，可大幅提升顶煤的放出率。

（3）当采用三采一放时，顶煤放出量为 22.01 t，顶煤放出率为 74%，含矸率为 8%。与其他两种放煤步距相比，煤质提升较为明显，但放出率低，造成的损失较多，且在局部煤层较薄、煤体破碎的情况下，会很快见矸造成前后两侧的顶煤无法放出。

综上所述，在通过大断面空巷影响区时，从顶煤回收率和含矸率的优化角度来讲，一采一放的放煤步距较为合理，而两采一放也可以通过调整见矸关口来达到较为理想的水平。

6.2.5 放煤方式研究模型的建立

放煤方式是不同的放煤顺序、单个放煤口不同的放煤次数和放煤量，以及工作面同时开启的不同放煤口个数多种相互组合的放煤方法的总和。放煤方式按放煤轮次可以分为单轮和双轮两种，按放煤顺序可以分为顺序和间隔两种。

根据 3101 工作面的现场情况建立模型，模型的基础参数与放煤步距研究模型相同。放煤口宽度为 0.7 m，两相邻放煤口中心距离为 1.5 m。在 6 号、7 号支架上方因空巷的存在造成顶煤流失，形成如图 6-19 所示的初始状况。

针对回采工作面的特殊性，提出 3 种放煤方案：

（1）单轮顺序放煤，不考虑旧采采动造成的影响，按支架顺序 1 号、2 号、3 号……依次放煤，见矸停止放煤。

（2）单轮顺序局部间隔放煤，考虑旧采采动造成的影响，先放较为完整的区域，后对受采动影响变形破坏的区域进行补充放煤，即按支架顺序 1 号、2 号、3 号、4 号、5 号、8 号、6 号、7 号放煤，见矸停止放煤。

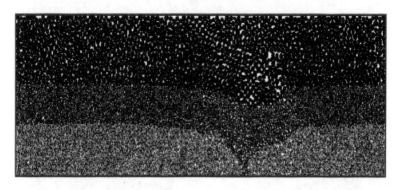

图 6-19 放煤方式研究初始模型

（3）双轮顺序放煤，考虑受旧采采动造成的影响，分两轮放煤，进行第一轮放煤时，由于在空巷影响范围内顶煤因旧采造成流失，可不进行放煤，按支架顺序 1 号、2 号、3 号、4 号、5 号、8 号放煤，跳过受空巷影响的 6 号、7 号支架，一次放出顶煤量的 1/2 左右，然后进行第二轮放煤，见矸停止放煤。

6.2.6 放煤方式研究模拟过程分析

6.2.6.1 单轮顺序放煤

由图 6-20 可知，单轮顺序放煤过程中，放煤支架上方形成规则的落煤空间，符合椭球体放矿理论。在放煤过程中反复摆动尾梁，破坏椭球空间的稳定性，减小顶煤块度，加快顶煤放落。单轮顺序放完一架煤之后，邻近放煤口上放顶煤因为受力不均衡导致支撑能力下降，表现出更明显的流动性而向放煤口流动，放煤口上方矸石也随着下部煤体的放出而下落至放煤口。当到达空巷影响部位时，5 号支架放煤结束，开始放 6 号支架时，顶煤厚度变薄，上方煤量变少，顶煤活动空间变小，煤矸分界线下落不规则，在放煤口附近易形成拱结构，同时放煤口上方矸石也更容易穿过煤层到达放煤口，影响顶煤放出。

(a) 放完1号支架

(b) 放完4号支架

(c) 放完6号支架

(d) 放完8号支架

图 6 - 20　单轮顺序放煤煤矸流动图

6.2.6.2 单轮顺序局部间隔放煤

由图 6 - 21 可知，相比单轮顺序放煤，该放煤方式为在进入空巷影响区段时，跳过影响区段先放后方未受影响的支架顶煤，可使顶煤放出较为流畅、规则。同时使影响区域的顶煤煤矸分界线形成一个较为规则的顶煤集中在区域中部，矸石向两侧滑动的拱形状，此时再对影响区的 6 号、7 号两个支架进行放煤可较充分地放出影响区顶煤。该方案存在对空巷影响区的不确定性，在实际生产中较难以把握受影响支架的范围。

6.2.6.3 双轮顺序放煤

由图 6 - 22 可知，采用双轮顺序放煤，从围岩控制和矿山压力的角度来看，整个工作面先均匀放出一部分顶煤，使未受旧采影响区的上方顶煤与空巷影响区处的顶煤处在一个层面，

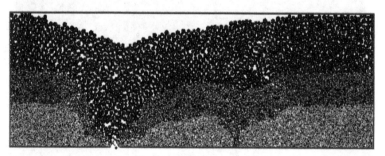

(a) 放完1号支架

(b) 放完5号支架

(c) 放完8号支架

(d) 放完6号支架

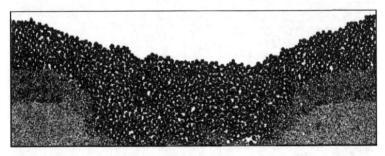

(e) 放完7号支架

图 6-21 单轮顺序局部间隔放煤

为上方未放顶煤共同流动提供运动空间，同时还能对上部未放出顶煤进行预破碎，减小顶煤块度，使顶煤更易放出。第二轮放煤时，放煤口上方顶煤受力比较平均，煤矸流动轨迹较为规律，未放支架向相邻已放支架滑落的顶煤相对较少，人工减弱了空巷对放煤的影响，减少了顶煤损失。此外，放煤时煤矸分界线下降均衡，煤矸不易混杂，防止了见矸而提前关门，可有效提高采出率并降低含矸率。

(a) 完成第一轮放煤

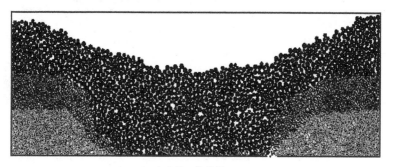

(b) 完成第二轮放煤

图 6 - 22 双轮顺序放煤

6.2.7 放煤方式研究模拟结果分析

对比 3 种方案的每一步放出煤量，统计数据见表 6 - 11 ~ 表 6 - 13。

表6-11　单轮顺序放煤方式各步顶煤放出量

支架	放出煤的颗粒数量/个
1 号	1345
2 号	156
3 号	315
4 号	517
5 号	227
6 号	254
7 号	223
8 号	341
总计	3378

表6-12　单轮局部间隔放煤方式各步顶煤放出量

支架	放出煤的颗粒数量/个
1 号	1345
2 号	156
3 号	315
4 号	517
5 号	227
8 号	657
6 号	272
7 号	182
总计	3671

对比表6-11和表6-12可得，两种单轮放煤方式，在进入空巷影响范围，即放4号支架顶煤时，顶煤的放出量都会出现一定程度的上升；而进入空巷影响范围后，采用单轮顺序放煤，在空巷影响范围各步的放出量平均但是很少，而采用单轮局部间隔顺序放煤放出量较多，但是各步的放出量差别较大。

表6-13 双轮顺序放煤方式各步顶煤放出量

支架	放出煤的颗粒数量/个
第一轮1号	1116
第一轮2号	166
第一轮3号	163
第一轮4号	143
第一轮5号	143
第一轮8号	156
第二轮1号	250
第二轮2号	210
第二轮3号	222
第二轮4号	240
第二轮5号	224
第二轮6号	188
第二轮7号	251
第二轮8号	269
总计	3741

由表6-13可以看出，在采用双轮顺序放煤方式后，空巷产生的影响变得不明显，各步放煤量较为平均，总放煤量也有所增加。

对比3种方案的放煤效果，统计各放煤方式的顶煤放出率和含矸率，见表6-14。

表6-14 各放煤方式的顶煤放出率和含矸率 %

放煤方式	顶煤放出率	含矸率
单轮顺序	79.3	13
单轮顺序局部间隔	88.1	10
双轮顺序	90.5	8

由表 6 – 14 可以看出，采用单轮顺序放煤方式的顶煤回收率最低，含矸率最高；采用双轮顺序放煤方式的顶煤回收率最高，含矸率却最低；单轮局部间隔放煤方式的顶煤放出率和含矸率都比较中庸。3 者顶煤损失差异主要集中在空巷影响范围内。

在实际生产过程中，3101 工作面空巷对顶煤冒放性的影响范围约为 10 架支架宽度，影响最严重时高达 20 多架，占工作面总长度的 20% ~ 40%。故空巷影响范围内顶煤的采出效果对工作面总采出率有很大影响。双轮顺序放煤与单轮局部间隔放煤相比，前者往返操作较多，但该工作面长度较短，采用双轮顺序放煤耗时增加较小但采出率和煤质提升都较为明显，故该工作面应当优先考虑双轮顺序放煤方式。单轮顺序局部间隔放煤方式结合了单轮顺序放煤的优点，工序简单，工作效率高，可以适用于工作面较长，工作面受空巷影响不严重的情况。

6.3 复采综放工作面工艺参数实测研究

6.3.1 实测目的

工作面工艺参数（采放比、放煤步距、割煤速度、移架方式和速度、放煤时间、放煤方式等）的选取是否合理对提高工作面的生产效率和煤炭的采出率有很大影响。现场实测就是记录现场生产中采取不同工艺组合时各个环节的参数，相互比对，选出与该工作面煤层赋存情况和设备状况相适应的最佳工艺参数。

6.3.2 实测内容

1. 工作面采高

工作面采高是指工作面推进过程中，工作面的平均割煤高度。

2. 采煤机割煤参数

（1）端头进刀方式、进刀距离、速度和时间。

（2）直线割煤速度、总时间。

（3）割一刀所用的总时间。

3. 移架参数

（1）单个支架移架速度。

（2）单个支架移架时间。

（3）多支架连续移架总时间。

（4）移架滞后时间和架数。

4. 放煤参数

在综放工作面中，每一个放煤口都是独立对应其支架的，因此在平行于工作面方向，有多种不同的放煤方式，放煤方式的选取要考虑提高顶煤的放出率、减少顶煤损失、放煤速度最快、操作最便捷、工作量分配最优化等问题。特别是对于复采，顶煤状况变化较大，由于破碎情况不同，要根据实际情况选取放煤方式。

结合圣华煤业 3101 工作面 3 号煤层的赋存情况，在矿方的大力配合下，采用 3 种放煤方式进行试生产：①一采一放、单轮顺序；②一采一放、双轮顺序；③一采一放、双轮间隔。每种方案试行 3 天，进行跟踪实测。

实测参数：①单个放煤口放煤时间；②连续放煤速度；③放煤状态。

5. 工作面开采技术条件

工作面采用走向长壁、后退式综合机械化放顶煤，一次采全高顶板全部垮落采煤法。

采煤机选用 MG200 - W 型双滚筒采煤机，割煤高度 1.4 ~ 3.0 m，有效截深 800 mm，牵引速度 0 ~ 6.0 m/min。

中部液压支架选用 ZF3800/15/23 型四柱支撑掩护式低位放顶煤支架，52 架。支撑高度 1500 ~ 2300 mm，中心距 1500 mm，工作阻力 3800 kN,推移距离 600 mm。

过渡支架选用 ZFG4000/17/28 型支架,排头 2 架,排尾 2 架。

工作面作业方式为单循环作业,三班生产,交接班检修1 h;即生产班班进1 循环,日进 3 循环,循环进度为 0.6 m。

工作面配套设备见表 6-15。

表6-15　3101 工作面配套设备

序号	名　　称	型　　号	数量	主要技术参数
1	采煤机	MG200-W	1 台	0～6.0 m/min
2	中间液压支架	ZF3800/15/23	52 架	支撑高度 1500～2300 mm
3	过渡支架	ZFG4000/17/28	4 架	支撑高度 1500～2300 mm
4	刮板输送机	SGZ630/180	2 部	输送能力 450 t/h
5	带式输送机	DTL800	1 部	输送能力 500 t/h
6	转载机	SZZ730/110	1 部	输送能力 700 t/h
7	破碎机	PLM1000	1 部	破碎能力 1000 t/h

6.3.3　实测方法

1. 工作面采高

在 10 号、20 号、30 号、40 号、50 号支架处分别布置测点,每天测量、统计;时间一般选取在交接班设备检修、停止生产的时间段;共 10 次。

2. 采煤机割煤参数

1) 端头进刀

3101 工作面采用端头割三角煤斜切进刀,双向割煤,往返两刀,进刀长度为 30 m。分别记录进刀架数、各个时段所用时间、进刀总时间。

2) 直线段割煤

直线段割煤是指行进过程中,去除进刀段的区段。直线段割煤速度采取现场分段测量，统计计算获得。

因为现场客观原因，无法准确实测出有效的直线段总割煤时间，采用平均割煤速度进行计算。

3）实测计划

现场跟班测量，跟踪一个完整的割煤循环，共进行 10 次测量记录。

3. 移架参数

1）单个支架移架时间

记录单个支架从打开降架阀降架，完成移架，升架完毕所用的总时间（所有过程中不包括调整时间），取平均值。

2）多个支架连续移架时间

以 5 个支架为一组，测量从第一个支架移架开始到最后一个支架移架结束为止所用的总时间。结合现场状况，生产过程中连续性较差，尽量选取连续移架数不小于 5 的组别，且其中的各个支架皆为正常移架，连续测量整个循环。

3）实测计划

实行跟班跟架测量，共进行 10 次测量记录。

4. 放煤参数

1）放煤速度

放煤速度是指从支架放煤开始到放煤结束所用的总时间。单轮放煤就是一次放煤所用的总时间，双轮放煤为两次放煤时间之和。

2）实测计划

3 种方案，每种方案试生产 10 天左右，推进 20 刀。对每种方案分别进行跟班测量、记录。

6.3.4 实测数据

1. 工作面采高

根据现场实测，统计了 12 月 1—10 日 3101 工作面 10 号、

20 号、30 号、40 号、50 号 5 个位置的采高，统计结果见表 6 - 16。

表 6 - 16 采 高 统 计

日期	班次	支架数/架	采高/m				
			10 号	20 号	30 号	40 号	50 号
12 月 1 日	14：00	10	2.1	1.6	2.2	2.0	2.3
12 月 2 日	14：00	10	1.9	1.6	2.0	2.2	2.2
12 月 3 日	14：00	10	2.1	1.6	2.0	2.1	2.3
12 月 4 日	14：00	10	2.0	1.6	1.9	2.1	2.1
12 月 5 日	14：00	10	2.0	1.9	1.9	2.1	2.0
12 月 6 日	14：00	10	1.9	1.8	2.1	1.9	2.2
12 月 7 日	14：00	10	1.9	1.6	2.0	2.0	2.0
12 月 8 日	14：00	10	2.1	1.6	1.8	2.0	2.0
12 月 9 日	14：00	10	2.0	1.7	1.8	2.1	2.1

2. 采煤机割煤参数

1）采煤机端部进刀时间

采煤机采用端部斜切进刀割三角煤方式，进刀距离约 30 m，共约 20 架。

采煤机斜切进刀至停止用时平均为 10.49 min，最长耗时 12.61 min。

采煤机返回割三角煤用时平均为 18.47 min，最长用时 22.5 min。

采煤机空运行返回至正常割煤位置用时平均为 6.73 min，最长用时 7.84 min。

由上所得，采煤机端部斜切进刀总耗时为 35.47 min，统计结果见表 6 - 17。

表6-17 3101工作面端部进刀时间

日期	班次	进刀至停刀段支架数量/架	停止进刀时间/min	返回割三角煤时间/min	空运行时间/min	进刀时间/min
12月1日	2	20	8.72	15.17	5.4	30.29
12月2日	2	21	11.98	22.5	7.2	41.68
12月4日	1	20	12.61	21.5	7.84	40.95
12月5日	2	21	12.3	20.48	7.5	40.28
12月6日	2	20	11.89	21.26	7.2	40.35
12月7日	2	21	12.08	17.58	7.8	34.46
12月8日	2	21	8.38	15.3	7.1	29.78
12月9日	1	21	8.42	15.92	5.3	30.64
12月10日	2	20	8.03	16.54	5.25	30.82
平均值		20.5	10.49	18.47	6.73	35.47

2）采煤机直线段割煤速度

采煤机直线段平均割煤速度为 1.98 m/min，最大速度为 2.41 m/min，最小速度为 0.80 m/min，统计结果见表6-18。

表6-18 3101工作面直线段割煤速度统计

日期	班次	割煤区间	割煤总长度/m	割煤总时间/min	割煤平均速度/（m·min^{-1}）
12月1日	2	22~28号	10.5	4：32（272）	2.32
12月2日	2	35~31号	7.5	3：10（190）	2.37
12月3日	2	36~28号	13.5	6：51（411）	1.97
12月4日	1	23~32号	15	7：28（448）	2.06
12月5日	2	22~35号	21	9：36（576）	2.19
12月6日	2	27~31号	6	3：05（185）	1.94
12月7日	2	36~30号	10.5	4：21（261）	2.41
12月8日	2	35~27号	13.5	7：55（475）	1.70
12月9日	1	23~29号	10.5	5：17（317）	1.99
12月10日	2	26~21号	9	11：17（677）	0.80
平均速度					1.98

直线段按平均割煤速度计算，加上端部进刀总耗时，工作面割一刀煤所耗时间为 27.27 + 35.47 = 62.74(min)。

3. 移架参数

1) 移架时间

(1) 手工操作单个支架的平均移架时间（包括降架、拉架、升架）为 31 s/架，其中纯拉架时间为 7 s/架，统计结果见表6-19。

表6-19 单个支架移架时间

日期	班次	统计架数/架	降架时间/s			拉架时间/s			升架时间/s		
			平均值	最大值	最小值	平均值	最大值	最小值	平均值	最大值	最小值
12月1日	2	5	6	8	5	9	14	6	19	40	8
12月2日	2	5	11	17	6	8	11	7	15	22	10
12月3日	2	3	9	12	6	5	7	4	13	15	11
12月4日	1	5	6	10	4	6	14	6	16	27	7
12月5日	2	6	8	11	5	8	12	4	14	24	12
12月6日	2	6	8	13	6	7	14	5	15	22	8
12月7日	2	3	9	13	7	6	8	4	15	18	12
12月8日	2	7	8	11	5	6	14	5	17	20	8
12月9日	1	5	10	15	8	5	9	4	16	23	7
12月10日	2	7	7	10	4	6	9	5	15	26	9
平均值			8			7			16		

(2) 手工操作连续支架平均移架（包括支架工换位时间）时间为 40 s/架，以此计算工作面移架所需总时间为 37.3 min，统计结果见表6-20。

2) 放煤参数

对 3 种方案进行了跟班测量记录，得到表6-21。

表6-20 连续支架移架时间表

日期	班次	总架数/架	移架总时间/s	移架平均时间/s
12月1日	2	5	235	47
12月2日	2	5	197	39
12月3日	2	3	113	37
12月4日	1	5	191	38
12月5日	2	6	238	41
12月6日	2	6	271	45
12月7日	2	3	93	31
12月8日	2	7	288	41
12月9日	1	5	212	43
12月10日	2	7	244	35
平均值				39.7

表6-21 放煤时间统计

日期	班次	单架放煤				多架连续放煤				备注
		架数/架	放煤时间/s			架数/架	放煤时间/s			
			最大值	最小值	平均值		最大值	最小值	平均值	
12月1日	2	6	115	53	86	7	133	41	91	一采一放单轮
12月2日	2	7	120	63	90	7	142	61	93	
10月3日	2	7	103	72	88	7	125	66	87	
平均值					88				90	
10月4日	1	6	176	95	108	7	182	84	123	两采一放单轮
10月5日	2	6	197	84	103	7	175	61	103	
10月6日	2	6	193	89	112	7	177	69	109	
平均值					108				112	
10月7日	2	6	196	83	132	7	163	78	136	两采一放双轮
10月8日	2	6	203	87	136	7	209	86	145	
10月9日	1	6	198	94	141	7	196	98	139	
平均值					136				140	

由表 6 - 21 得：

（1）12 月 1—3 日采用一采一放、单轮顺序放煤，实测单个支架放煤所需平均时间为 88 s，约为 1.47 min，则平均放煤速度为 1.02 m/min；多个支架连续放煤，单个支架放煤所需平均时间为 90 s，约为 1.5 min，则平均放煤速度为 1 m/min。

（2）12 月 4—6 日采用两采一放、单轮顺序放煤，实测单个支架放煤所需平均时间（第一轮与第二轮放煤时间之和）为 107 s，约为 1.78 min，则平均放煤速度为 0.84 m/min；多个支架连续放煤，单个支架放煤所需平均时间为 112 s，约为 1.87 min，则平均放煤速度为 0.80 m/min。

（3）12 月 7—9 日采用两采一放、双轮顺序放煤，实测单个支架放煤所需平均时间（第一轮与第二轮放煤时间总和）为 136 s，约为 2.27 min，则平均放煤速度为 0.66 m/min；多个支架连续放煤，单个支架放煤所需平均时间为 140 s，约为 2.33 min，则平均放煤速度为 0.64 m/min。

（4）由于 3101 工作面机头、机尾两端 3 架支架不进行放顶煤，则实际进行放煤的支架为 50 架，距离为 75 m，由此计算总放煤时间为：

①一采一放、单轮顺序放煤：同时开放一个放煤口，工作面总放煤时间为 75 min。同时开放两个放煤口，工作面总放煤时间为 38 min。

②两采一放、单轮顺序放煤：同时开放一个放煤口，工作面总放煤时间为 94 min。同时开放两个放煤口，工作面总放煤时间为 47 min。

③两采一放、双轮顺序放煤：同时开放一个放煤口，工作面总放煤时间为 116.5 min。同时开放两个放煤口，工作面总放煤时间为 58 min。

6.3.5　实测结果

（1）圣华煤业3101工作面实测期间平均割煤高度为2.0 m。当工作面经过空巷时，煤壁出现失稳状况，片帮严重，此时割煤高度会降到1.6 m左右。平均放煤高度为4.6 m。

（2）3101工作面采用端部斜切进刀方式，平均进刀距离为30.75 m，平均进刀总时间为35.47 min。其中，1日、8日、9日、10日记录的是机尾进刀，平均进刀时间为30.38 min；2日、3日、4日、5日、6日、7日记录的是机头进刀，平均进刀时间为39.5 min。实测得到机尾的进刀时间明显小于机头的进刀时间。原因为空巷对工作面影响较大的地方一般都在两个端头，在未采取任何措施的情况下，工作面煤壁破碎，开采空间的维护工作量大，影响采煤机的行驶和刮板输送机的推移；而机尾位置靠近回风巷，在开采前沿回风巷对煤体进行过注浆充填，增强了煤壁的完整性和强度，使机尾位置的采场状况良好，有利于采煤机割煤和进刀。而机头位置由于运输巷设备较多，无法布置注浆设备，煤壁没有采取强化措施。

（3）单人手工操作连续移架的平均时间为40 s/架，则单个移架工完成工作面整个移架所需时间为37.3 min。

（4）工作面平均割煤速度为1.98 m/min，则工作面完成一个割煤循环所需的时间约为63 min。

（5）工作面试生产期间，分别采用3种放煤方式：一采一放单轮顺序、两采一放单轮顺序、两采一放双轮顺序，完成工作面放煤所需的总时间依次增加。

6.4　本章小结

当工作面通过实体煤和小断面空巷时，采用两采一放比采用一采一放和三采一放都较为合理。当工作面通过大断面空巷时，一采一放的放出率比两采一放的放出率高8%、含矸率低

7%，而三采一放的放出率较两采一放的放出率低 9%，含矸率只有 8%，3 者各有优劣之处。两采一放较为平庸，但可控性强，控制关口原则上可较为缓和地调整采出率和含矸率。

结合 3101 工作面煤层赋存现状，主要为实体煤间隔小端面旧采空巷，大断面空巷较少而且较为分散，故在实际开采中应当以两采一放、1.2 m 放煤步距作为首选。

根据复采工作面特有情况，提出了局部间隔的放煤方式，通过数值模拟，与顺序放煤方式相比可有效提高在空巷影响范围内顶煤的放出效果，可以适用于工作面较长且空巷影响较轻的工作面。

通过数值模拟研究，在不同放煤方式下，比较各放煤方式的放煤效果，双轮顺序放煤方式顶煤的放出率为 90.5%，含矸率为 8%；与其他两种放煤方式相比较，顶煤的放出率和放出煤煤质都比较优秀，且十分适合 3101 工作面的生产现状，故可作为优先方案考虑。

在现场实测的再次验证下，确定两采一放、双轮顺序为该工作面的最优放煤方案，根据后部刮板输送机运输能力确定放煤口个数为 2 个，放煤总时间约为 58 min。

综上所述，通过 PFC 数值模拟及现场实测，确定残煤复采综放工作面采用两采一放、双轮顺序放煤方式为 3101 工作面最优放煤方案。

7 残煤复采可行性综合
评 价 体 系

由于采空区条件下的复采不同于常规开采，它是在旧式开采区域煤层完整性被破坏的条件下进行的，所采煤层赋存情况复杂，在工作面回采过程中会遇到煤壁片帮、端面冒漏、过空巷和煤柱应力集中等诸多技术问题，会给残煤复采工作带来新的、更大的困难。因此，在复采前需对残采区残煤的可采性进行经济和安全评价，从而预判残煤复采的可行性。

7.1 残煤复采经济可采性评价体系

7.1.1 残煤复采经济可采性评价意义和原理

7.1.1.1 煤炭资源经济可采性评价意义及技术经济特点

煤炭资源经济可采性评价就是针对特定的煤炭赋存特征、矿井开发现状及装备水平，运用采矿、地质、测量、安全等学科知识及技术经济学原理，对资源是否值得开发及其效益情况进行评价。煤炭资源经济可采性评价对各类矿井都具有特别重要的意义。首先，只有在对拟开采的资源进行充分评价后，才能清楚开采的盈利情况，才能对煤炭资源条件有比较全面准确的了解，进而决定资源是否值得开采，即煤炭资源经济可采性评价是判定煤炭资源是否具有可采性的前提及判定依据。对于残煤复采，大部分矿井可以利用已有的基础设施、开拓系统及技术装备，如地面主要建筑设施、井下开拓巷道、井底车场及主要运输提升设备等都可以利用。残煤复采既可有力地保护和利用我国的煤炭资源，也可延长矿井的寿命，对促进本企业健康发展、保障本企业职工利益、促进地方经济健康发展、保障地方经济和人民收益，以及构建和谐、稳定的社会具有重要意义。进行残煤复采所需要增加的投资主要为部分井巷工程、井下设备费及材料费等。因此矿井残煤复采经济可采性评价具有重要意义。在残煤复采安全可行的前提下，残煤资源开采具有以下特点：

（1）随着矿井整装实体煤资源的枯竭，可供矿井大规模持续开采的资源减少，整装实体煤资源无法满足矿井正常的采掘接替及矿井生产能力的需求。矿井各生产系统能力处于过剩状态，残煤复采既可保证矿井产能，又能增加收益。

（2）残采矿井均属于生产矿井，残煤复采时，可以利用已有矿井开拓巷道及生产系统，因此可以降低残煤复采的基建投资，降低巷道掘进率，延长矿井服务年限。

（3）在进行残煤复采可采性评价时，需要遵循净现值不小于零的原则，否则从经济可采性考虑，不利于进行残煤复采。

（4）残煤复采矿井开采区域井上下环境已经遭受了不同程度的破坏，但由于旧式开采遗留大量煤柱支撑顶板，对地下水体、地表塌陷等生态环境的破坏较小。而残煤复采采用长壁工作面回采，会对地表及水体产生进一步的破坏。

7.1.1.2 残煤复采经济可采性评价基本原理

根据对煤炭资源价值论和环境资源价值论的分析，煤炭资源价值由自身价值和环境价值构成。煤炭资源的开发利用既要考虑其经济效益，也要考虑其环境价值。煤炭资源价值构成如图 7－1 所示。

煤炭资源的自然价值是指煤炭资源物质资产的价值，包括绝对价值和相对价值。煤炭资源的有限性产生绝对价值；相对价值由矿产资源的自然丰度、开采条件等差异所引起。由于煤炭资源的有用性和稀缺性，从而产生了资源的所有权和开采权。

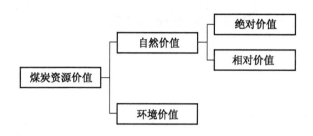

图 7-1 煤炭资源价值构成

煤炭资源具有不可再生性，其数量将随不断开采而枯竭。因此，煤炭资源的开采者必须向资源所有者缴纳一定的费用，以补偿矿产资源的耗竭，这就是煤炭资源的绝对价值。

煤炭资源开采会造成地表塌陷，对地下水体、河流等产生一定的污染和破坏。环境资源不仅是一种社会资源，也是煤炭生产系统的生产要素之一，故其具有社会价值、生态价值、经济价值等。因此，为恢复环境破坏所消耗的人力、物力的价值称为环境损失价值，这部分价值应是煤炭资源价值的一部分。

资源价值等于资源净收益，代表资源预期开发利用对社会产生净增值（资源预期开发利用的全部净收益与实现这种收益所需全部费用之差），因此，可以把资源价值作为资源经济评价指标。经济可采性评价标准一般采用回采评价单元煤炭资源的净现值不小于零，即

$$NPV_t = \frac{\sum\limits_{t=0}^{n} NCF_t}{(1+r_0)^t} \geqslant 0$$

式中　　NPV_t——回采 i 单元煤炭资源的净现值；

　　　　NCF_t——第 t 年回采 i 单元煤炭资源的净现金流量；

　　　　n——回采 i 单元煤炭资源开采所需总时间，a；

　　　　r_0——基准贴现率。

7.1.2 煤炭资源经济可采性评价理论基础

7.1.2.1 煤炭资源价值理论

1. 矿产资源具有价值

许多西方经济学家对矿产资源的价值问题进行过研究，他们从不同的角度分析了矿产资源的矿区使用费及租金等问题。艾仑·科特雷尔指出："无论什么样的社会制度形式，都必须承认有限的、会枯竭的资源都具有价值。因此，必须以这样或那样的形式给资源制定价格，以便限制消耗和给予保护和关心"。汉费莱斯认为，矿产资源处于未开采状态下没有价值，只有它被用作商品进行交换时才具有价值，价值的高低取决于供求关系。煤炭资源的价值是由煤炭资源的有用性、稀缺性和存在所有权3个条件决定的。效用、稀缺和产权称为实现矿产资源价值的三要素。

2. 煤炭资源价值构成

煤炭资源的价值主要是由它的有用性、稀缺性及存在所有权而产生的。煤炭资源本身的差异性，又决定了煤炭资源有优等、中等、劣等资源（边际资源）之分。而其不可再生性及可耗竭性，迫使劣等资源的投资者必须把等于劣等资源的机会成本，也称为稀缺性租金付给资源的所有者，以便取得开采劣等资源的权力，同时也作为对劣等资源耗竭的补偿。稀缺租金在数量上等于

$$R_{a0} = P_0 - MC_0$$

式中　　P_0——煤炭资源的现价；

　　　　MC_0——开采劣等资源的边际成本（包含投资平均收益）。

$R_{a0} \geqslant 0$，否则劣等资源的投资者无利可图。显然开采优等、中等资源的边际成本 MC，小于开采劣等资源的边际成本。因此资源所有者对优等、中等资源的收益（租金）为

$$R_0 = P_0 - MC$$

式中　MC——非劣等资源的边际成本。

将上面两式合并，则有

$$R_0 = R_{a0} + (MC_0 - MC)$$

其中，$MC_0 - MC$ 称为级差租金。

由此，煤炭资源的价值（资源所有者的收益）等于劣等资源的价值（稀缺性租金）与级差租金之和。

7.1.2.2　生态环境价值理论

1. 环境资源价值理论

效用价值理论中，由于生态环境能够对人类产生效用，是有价值的，并且将其分为使用价值（或称为行为使用价值）和非使用价值（或称为情感使用价值）两类。生态环境价值理论是矿产资源开发环境损失评估的基础理论，在矿产资源开发环境损失评估中，目前主要考虑使用价值，特别是可以采用市场价格去衡量的使用价值。

1）生态环境效用价值论

效用价值论是根据某一物品对人们的满足程度而确定的价值。煤炭资源能够满足人们的需要，因此，可以运用效用价值论来衡量环境资源的价值。

2）生态环境劳动价值论

人类为了使自然资源消耗与经济增长需求达到均衡，投入了人力、物力和财力，许多环境资源凝结了人类的劳动，那么，生态环境的价值就是物化在环境转变过程中人类所付出的社会必要劳动量。因此，生态环境应该具有价值。

3）生态环境价值构成

经济学家将环境价值定义为行为使用价值和情感使用价值的总和，如图 7-2 所示。行为使用价值源于人们对环境资源的利用，可分为直接使用价值和间接使用价值。而且，经济学家认为，环境资源还有情感使用价值，包括选择价值和存在价值。

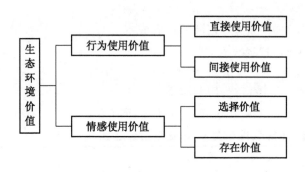

图 7 - 2   生态环境价值构成

一些学者将环境价值分成了使用价值和非使用价值。环境使用价值包括直接使用价值和间接使用价值。环境的非使用价值包括存在价值和遗赠价值。而且认为选择价值，可以归于使用价值，也可以归于非使用价值，具体分类如图 7 - 3 所示。绝大部分从事环境和资源经济研究工作的人员都承认环境有非使用价值，并且相信非使用价值的总量可能是十分巨大的。但是，非使用价值毕竟是一种模糊的、难以清楚表达的价值，对人们的现实生活比较"遥远"，在实际评估中只能采用意愿价值评估法，存在不可预见的误差。因此，在矿产资源开发环境损失评估中，主要计算环境的使用价值。

2. 煤炭资源开采造成的环境损失

煤炭资源开采造成的环境损失的直接表现是环境污染和生态破坏的经济损失，因此将煤炭资源开采造成的环境损失分为环境污染损失和生态破坏损失两部分，其构成内容如下：①环境污染损失：大气污染损失、水污染损失、固体废弃物污染损失、噪声影响损失；②生态破坏损失：林地破坏损失、农田破坏损失、草场破坏损失、水资源破坏损失、次生地质灾害损失、景观破坏损失。

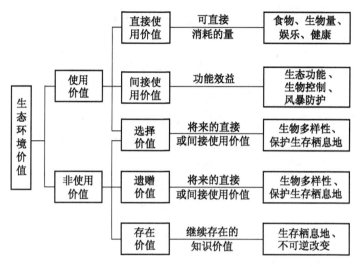

图 7-3 生态环境价值分类

7.1.3 残煤复采经济可采性评价模型

7.1.3.1 基于煤炭资产价值的可采性评价方法

在对煤炭资源价值构成、可采性评价方法分析的基础上，根据"费用—效益"分析法原理，构建基于煤炭资源价值的可采性评价方法：

$$\begin{cases} P_i - C_i - R - EC \geqslant 0 & 动态 \\ P_i - C_i - D - EC \geqslant 0 & 静态 \end{cases}$$

式中　P_i——回采 i 单元煤炭资源的平均售价；

　　　C_i——回采 i 单元煤炭资源的经营成本；

　　　R——吨煤资本费用；

　　　D——吨煤基本折旧额（包括井巷工程基金）；

　　　EC——吨煤环境补偿费用。

1. 吨煤资本费用

$$R \approx T_c \left(\frac{A}{P}, r_s, n \right)$$

$$T_c = \frac{K}{Q} = \sum_{t=0}^{s=1} \frac{IP(1 + r_s)^{s-1}}{(1 + r_s)^t Q}$$

$$\left(\frac{A}{P}, r_s, n \right) = \frac{r_s(1 + r_s)^n}{(1 + r_s)^n - 1}$$

式中　　　　　　T_c——矿井吨煤投资，元/t；

　　　　　　　　K——矿井全部投资，即建设期内各年的投资 IP_t 按资金时间因素折算到基建结束之和；

　　　　　　　　Q——矿井年产量；

　　　　　　　　n——项目生产期，a；

$\left(\dfrac{A}{P}, r_s, n \right)$——资金回收系数。

2. 吨煤经营成本

吨煤经营成本包括回采工作面成本、增值税、资源税、城市维护建设税、教育费附加等。

3. 吨煤环境补偿费用

$$EC = EC_1 + EC_2$$

式中　　EC_1——生态破坏损失；

　　　　EC_2——环境污染损失。

煤炭资源开发造成的环境损失分为生态破坏损失和环境污染损失。

（1）生态破坏损失包括直接损失、间接损失和恢复费用。狭义的生态损失核算仅指土地的破坏，包括耕地、林地、草地和水（$i = 1$、2、3、4 分别表示森林、耕地、草原和水资源）。

$$EC_1 = \sum_{i=1}^{n} EL_i = \sum_{i=1}^{n} E_D L_i + \sum_{i=1}^{n} E_I L_i + \sum_{i=1}^{n} E_R L_i$$

$$= EC_{11} + EC_{12} + EC_{13}$$

式中　　EC_{11}——直接损失；

　　　　EC_{12}——间接损失；

EC_{13}——恢复费用；

E_DL_i——单位煤炭产量第 i 种资源的直接生态损失，元/t；

E_IL_i——单位煤炭产量第 i 种资源的间接生态损失，元/t；

E_RL_i——单位煤炭产量恢复第 i 种资源的费用，元/t。

（2）环境污染损失主要包括大气污染损失、水污染损失和农田污染损失。环境污染损失直接用消除或减轻这些污染所花费的工程费用来计量。对于污染损失只计算大气污染、水污染和噪声污染的防治费用，故

$$EC_2 = \sum_{i=1}^{n} PL_i = PL_A + PL_W + PL_{Sr}$$

式中 PL_A——单位煤炭产量的空气污染损失，元/t；

PL_W——单位煤炭产量的水污染损失，元/t；

PL_{Sr}——单位煤炭产量的固体废物污染损失，元/t。

煤炭资源开采环境价值的评估方法有直接市场评价法、替代市场评价法和意愿价值评估法 3 类。环境价值评估方法较多，各方法有其本身的特征，适用类型和范围也不同。按照环境污染损失的性质，将环境影响分为生产力影响、健康影响、舒适性影响和存在价值影响四大类。针对不同的环境影响，应尽可能地选择恰当的计量方法。环境污染损失价值计量方法见表 7 - 1。

表 7 - 1 评 估 方 法

环境影响类型	生产力				健康影响			舒适性			存在价值
评估技术方法	生产力变化法	防护支出法	机会成本法	重置成本法	人力资本法	防护支出法	意愿价值评估法	旅行费用法	内涵资产价值法	意愿价值评估法	意愿价值评估法

7.1.3.2 残煤复采经济可采性评价方法

残煤复采对生态环境资源价值的影响可分成两种情形：一

种是残煤复采在旧采区回采时遗留煤炭资源，生态环境破坏已经形成，再次开采对生态环境的破坏影响较小，如直接损失、间接损失、生态恢复费用和环境污染等影响较小；另一种是对耕地、水体、大气等的影响。因此，残煤复采对环境资源价值的影响见下式：

$$EC_复 = f_1 EC_1 + f_2 EC_2$$

式中　　EC_1——生态破坏损失；

　　　　EC_2——环境污染损失；

　　　　f_1、f_2——生态影响系数（$0 < f_1 \leq 1$，$0 < f_2 \leq 1$）。

因此，残煤复采经济可采性评价公式为

$$\begin{cases} P_i - C_i - R - (f_1 EC_1 + f_2 EC_2) \geq 0 & 动态 \\ P_i - C_i - D - (f_1 EC_1 + f_2 EC_2) \geq 0 & 静态 \end{cases}$$

关于残煤复采经济可采性评价方法的讨论：

（1）残煤复采与普通煤炭资源开采相比，其赋存复杂、生产成本较高，生产经营费用 C_i 的计入，体现了经济效益的原则。

（2）残煤资源的单元一般规模较小，回采时间较短，多数工作面的开采集中在 1 年内，因此评价周期短，回采期间售价、成本等指标一般差异不大，实际计算分析时，可采用静态的售价、成本等。

（3）把煤炭资源开采对生态环境的影响分为环境破坏损失和环境污染损失，环境破坏损失和环境污染损失构成了煤炭资源开采的环境补偿费用，体现了煤炭开采的环境资源价值。

（4）生态影响系数的引入，说明复采对生态环境的破坏损失减弱，从环境保护和资源保护的角度，提高了残煤资源复采可采性的可能程度，使残煤资源能够最大限度地回采，提高矿井的采出率，体现了保护资源的原则。

（5）残煤复采造成部分生态环境破坏，在已经被破坏的生态环境下回收煤炭资源，实际上是节约能源的行为，因此残煤复采是"节能减排"行为，符合国家能源政策。从国家鼓励节能减排、保护环境和节约资源的角度，国家应该采取补贴或更大幅度减税的方式，鼓励企业进行残煤复采。

7.2 残煤复采安全可行性综合评价体系

7.2.1 基于力学特性的残煤复采顶板运移评价体系

7.2.1.1 理论基础

目前对煤层顶板断裂的研究一般集中在整装实体煤上。在传统的基本顶台阶岩梁和砌体梁结构模型中，都认为关键块 A 已经断裂，利用理论力学的刚体平衡原理来分析关键块 A 的平衡，以确定其回转和滑落的失稳条件，如图 7-4 所示。目前，对残煤复采的研究还不多，大部分关于顶板破断结构的模型都是利用理论力学或材料力学的基本理论建立的静定结构模型，并进行分析与预测。由于残采遗留空巷及煤柱的作用，利用静定结构模型无法得出残煤复采长壁放顶煤采场顶板力学模型全部反力或内力，必须同时考虑结构的变形协调条件。如图 7-5 所示的连续梁，相对于静定结构多了一个多余约束，其横向反力可由静力平衡条件求出，其竖向反力只凭借静力平衡条件无法确定，该类型结构属于超静定结构。因此可以利用材料力学和结构力学的原理研究基本顶岩梁的垮落准则及断裂形态。

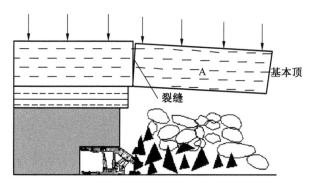

图 7-4 基本顶断裂结构模型

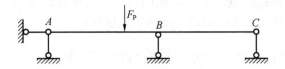

图 7-5　连续梁超静定结构

7.2.1.2　残煤复采采场顶板破断的预测模型

1. 建立模型的基本假定

结合残煤复采的实际情况，为了简化模型结构及方便讨论问题，又不失问题的主要实质，经过分析做出如下简化：

（1）由于此次研究主要针对近水平厚煤层残采开采的煤层，倾角不大，故各岩层近似为水平层（倾角 $\alpha = 0°$）。

（2）残煤复采采场顶板受旧采遗留空巷、煤柱的作用，采场顶板力学结构符合结构力学中的连续梁超静定结构模型。

（3）由于预测模型控制层主要包括处于垮落带范围内的直接顶和基本顶，与上覆岩层变形不一致。一般情况下其上覆岩层和控制层相比较软，故可以简化为控制层所受上覆岩层的压力均匀分布。

2. 残煤复采采场顶板破断力学模型

根据工作面过空巷的特点建立了如图 7-6 所示的工作面过空巷力学模型及结构基本体系。根据虚位移原理，当结构只受单位载荷 $X_1 = 1$ 时，得到结构在该载荷作用下的弯矩，如图 7-7a 所示；当结构只受单位载荷 $X_2 = 1$ 时，得到结构在该载荷作用下的弯矩，如图 7-7b 所示；图 7-7c 为载荷单独作用在与原超静定结构等价的静定体系上的弯矩。

$$M_o = \frac{1}{2}QL^2 - q_1 l_4 \left(l_1 + l_2 + l_3 + \frac{1}{2}l_4 \right) - F_f L \cos\alpha$$

$$M_A = \frac{1}{2}Q(l_4 + l_5)^2 - \frac{1}{2}q_1 l_4^2 - F_f(l_4 + l_5)\cos\alpha$$

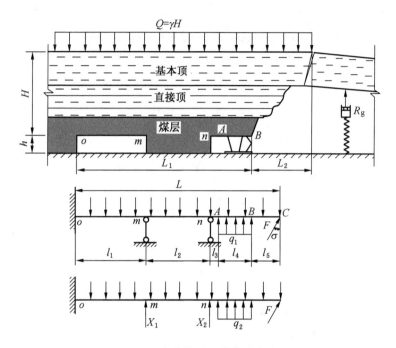

图 7-6 力学模型及结构基本体系

$$M_B = \frac{1}{2} Q l_5^2$$

$$M_c = 0$$

$$F_f = \mu Q H \tan\alpha \sin\alpha$$

根据超静定方程:

$$\begin{cases} \delta_{11} X_1 + \delta_{12} X_2 + \Delta_{1P} = 0 \\ \delta_{21} X_1 + \delta_{22} X_2 + \Delta_{2P} = 0 \end{cases}$$

$$\delta_{11} = \frac{1}{EI} \left(\frac{1}{2} l_1^2 \right) \times \frac{2}{3} l_1 = \frac{l_1^3}{3EI}$$

$$\delta_{22} = \frac{1}{EI} \left[\frac{1}{2} (l_1 + l_2)^2 \right] \times \frac{2}{3} (l_1 + l_2) = \frac{(l_1 + l_2)^3}{3EI}$$

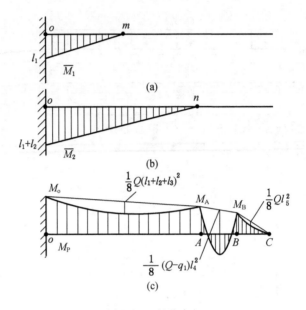

图 7-7　梁的弯矩

$$\delta_{12} = \delta_{21} = \frac{1}{EI} \cdot \frac{1}{2} l_1^2 \left(\frac{2}{3} l_1 + l_2 \right) \left(1 + \frac{l_2}{l_1} \right)$$

$$= \frac{1}{2EI} \left(\frac{2}{3} l_1 + l_2 \right) (l_1^2 + l_1 \cdot l_2)$$

$$\Delta_{1P} = - \frac{l_1 + l_2 + l_3}{2EI} \left[M_A (l_1 + l_2 + l_3) - \frac{1}{6} (M_0 - M_A)(2l_1 + 2l_2 - l_3) - \frac{Q}{24} (l_1 + l_2 + l_3)^2 (l_1 + l_2 - l_3) \right]$$

$$\Delta_{2P} = \frac{-(l_1 + l_2 + l_3)(l_1 + l_2 - l_3)}{2EI} \left[M_A + \frac{1}{3} (M_0 - M_A) - \frac{Q}{12} (l_1 + l_2 + l_3)^2 \right]$$

$$X_1 = \frac{\begin{vmatrix} -\Delta_{1P} & \delta_{12} \\ -\Delta_{2P} & \delta_{22} \end{vmatrix}}{\begin{vmatrix} \delta_{11} & \delta_{12} \\ \delta_{21} & \delta_{22} \end{vmatrix}} = \left\{ -9(l_1 + l_2 + l_3)(l_1 + l_2 - l_3)\left(\frac{2}{3}l_1 + l_2\right) \right.$$

$$(l_1^2 + l_1 l_2)\left[M_A + \frac{1}{3}(M_O - M_A) - \frac{Q}{12}(l_1 + l_2 + l_3)^2 \right] +$$

$$6(l_1 + l_2 + l_3)(l_1 + l_2)^3\left[M_A(l_1 + l_2 - l_3) - \right.$$

$$\left. \left. \frac{1}{6}(M_O - M_A)(2l_1 + 2l_2 - l_3) - \frac{Q}{24}(l_1 + l_2 + l_3)^2(l_1 + l_2 - l_3) \right] \right\} \Big/$$

$$\left[4l_1^3(l_1 + l_2)^3 - 9\left(\frac{2}{3}l_1 + l_2\right)^2(l_1^2 + l_1 l_2)^2 \right]$$

$$X_2 = \frac{\begin{vmatrix} \delta_{11} & -\Delta_{1P} \\ \delta_{12} & -\Delta_{2P} \end{vmatrix}}{\begin{vmatrix} \delta_{11} & \delta_{12} \\ \delta_{21} & \delta_{22} \end{vmatrix}} = -6(l_1 + l_2 + l_3)\left(\frac{2}{3}l_1 + l_2\right)(l_1^2 + l_1 l_2)$$

$$\left\{ \left[M_A(l_1 + l_2 - l_3) - \frac{1}{6}(M_O - M_A)(2l_1 + 2l_2 - l_3) - \frac{Q}{24}(l_1 + l_2 + l_3)^2 \right] \cdot \right.$$

$$4(l_1 + l_2 + l_3)l_1^3\left[M_A + \frac{1}{3}(M_O - M_A) - \frac{Q}{12}(l_1 + l_2 + l_3)^2 \right] \right\} \Big/$$

$$\left[4l_1^3(l_1 + l_2)^3 - 9\left(\frac{2}{3}l_1 + l_2\right)^2(l_1^2 + l_1 l_2)^2 \right]$$

其中，γ 为岩石容重；H 为顶煤、直接顶和基本顶的总厚度 (m)；L 为梁的长度 (m)，$L = L_1 + L_2/2$；l_1 为空巷宽度 (m)；l_2 为煤柱宽度 (m)；l_3 为工作面控顶距 (m)；l_4 为支架顶梁长度 (m)；l_5 为顶板悬顶长度 (m)；R_g 为采空区垮落岩体的支撑力 (N)；α 为顶板的断裂角 (°)；F_f 为摩擦力 (N)；q_1 为支架支护强度 (MPa)；μ 为岩石摩擦系数。

每一个控制截面弯矩值均由叠加原理确定，即

$$M_{,i} = \overline{M}_{1,i}X_1 + \overline{M}_{2,i}X_2 + M_{P,i} \tag{7-1}$$

这里，i 表示控制截面在梁段上的位置，如 i 表示 o 点时，由式 (7-1) 可以得出：

$$M'_O = l_1 X_1 + (l_1 + l_2)X_2 + M_O$$

结构最终弯矩如图 7 - 8 所示。根据最终绘制的弯矩可知顶板最大弯曲正应力位于 o 点，此时弯曲正应力 σ 的计算公式为

$$\sigma = \frac{M'_O}{W_E} = \frac{l_1 X_1 + (l_1 + l_2) X_2 + M_O}{6bH^2} \qquad (7 - 2)$$

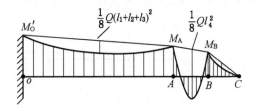

图 7 - 8 最终弯矩图

由式 (7 - 2) 可知，工作面顶板超前断裂的临界条件为

$$\sigma = \frac{M'_O}{W_E} = \frac{l_1 X_1 + (l_1 + l_2) X_2 + M_O}{6bH^2} = \sigma_t \qquad (7 - 3)$$

其中，σ_t 为工作面顶板平均抗拉强度，MPa；l_2 为煤柱临界宽度，按式 (3 - 32) 计算得出；H 按式 (4 - 25) 计算得出。

式 (7 - 3) 为残煤复采采场顶板发生超前断裂的临界条件，由此可以对顶板是否发生超前断裂进行预测。当 $\sigma < \sigma_t$ 时，说明顶板未发生超前断裂；当 $\sigma > \sigma_t$ 时，说明顶板发生超前断裂。

7.2.2 基于数值计算方法的残煤复采安全可行性评价体系

7.2.2.1 数值计算软件及模拟方案

残煤复采综放工作面前方煤柱和空巷顶板是否稳定是决定采场围岩控制的关键因素之一，也是残煤复采安全可行性的主要技术指标。在特定的煤层赋存条件下，煤柱失稳和顶板超前断裂作为残煤复采采场围岩控制的两个重点和相互影响的过程，将对残煤复采综放工作面的正常安全生产产生重大影响。

由上述对厚煤层残采采煤方法及煤柱残存现状的分析可知，残采区内煤柱宽度为 5 ~ 25 m，空巷宽度为 3 ~ 15 m。空巷宽度

和煤柱宽度对采场顶板的稳定性产生显著影响,当煤柱宽度减小,空巷宽度增大到一定值时,顶板超前断裂、煤壁片帮和端面冒漏的概率将显著增加。顶板超前断裂必然引起煤壁片帮或端面冒漏且会对工作面液压支架形成冲击载荷,造成顶板事故。所以,深入研究残煤复采综放开采条件下的煤柱稳定性和空巷顶板的稳定性,提出合理可靠的防治措施,对于保证工作面现场的安全生产和管理具有十分重要的意义。下面通过数值模拟分析残煤复采综放工作面不同煤柱宽度和空巷宽度情况下的煤柱稳定性和空巷顶板稳定性,以确定不同地质条件下合理的残煤复采围岩控制方案。

此次研究采用 FLAC-3D 数值计算软件分析残煤复采采场围岩屈服破坏特征。由第 3 章的研究结果可知,受工作面前方空巷的影响,当工作面与空巷之间的煤柱失稳时,采场顶板形成超前工作面的悬臂梁结构,当悬臂梁结构强度大于顶板抗拉强度时,顶板发生超前断裂,由此研究残煤复采顶板超前破坏及煤柱屈服破坏是预判顶板是否发生超前断裂的基础。对于煤岩体而言,屈服破坏区域大小可作为衡量其破坏程度的重要指标,因此作者定义了顶板超前屈服破坏系数 $F_顶$ 来定量描述顶板超前破坏程度。顶板超前屈服破坏系数即工作面前方煤柱和空巷上方顶板屈服破坏面积与该区域总面积之比。同时,随着工作面的推进,工作面与空巷之间的煤柱宽度逐渐减小,煤柱应力集中显著增加,煤柱两侧剪切破坏向煤柱弹性核区延伸。因此煤柱屈服破坏区域的存在是导致顶板失稳的关键。为了定量描述煤柱破坏情况,评价煤柱与顶板断裂的关系,在此定义煤柱屈服破坏系数 $F_柱$,即工作面与前方空巷之间煤柱屈服破坏煤体的面积与煤柱总面积之比。下面采用正交实验法对残煤复采综放工作面煤柱宽度、空巷宽度、空巷高度、煤层普氏硬度系数和顶板平均普氏硬度系数等 5 个因素各取 5 个实验水平建立正交实验方案。研究这 5 个因素对顶板超前屈服破坏系数 $F_顶$ 及

煤柱屈服破坏系数 $F_{柱}$ 的影响，各因素及水平见表 7-2。根据前面所述内容，顶板超前断裂主要是悬臂梁结构自重引起的回转失稳，而煤层厚度仅对顶煤的破坏程度有影响，因此此次研究不考虑煤层埋藏深度与煤层厚度的影响，研究时煤层埋藏深度取 250 m，煤层厚度取 6.5 m。

表7-2 残煤复采综放开采安全可行性实验因素与水平

因 素		水 平				
		1	2	3	4	5
1	空巷宽度/m	3.0	6.0	9.0	12.0	15.0
2	空巷高度/m	2.5	3.0	3.5	4.0	4.5
3	煤柱宽度/m	2.0	6.0	10.0	14.0	18.0
4	煤层普氏硬度系数/m	0.8	1.0	1.2	1.4	1.6
5	顶板平均普氏硬度系数/MPa	1.0	2.0	3.0	4.0	5.0

7.2.2.2 数值计算模拟模型的建立

此模拟中煤层厚度和埋藏深度是恒定的，只考虑空巷高度、空巷宽度、煤柱宽度及煤岩普氏硬度系数的变化，因此数值计算模拟模型的尺寸为长×宽×高 = 240 m×80 m×140 m，其中煤层底板厚 20 m、煤层厚 6.5 m、顶板厚 113.5 m。考虑边界效应及满足推进过程中矿压稳定距离的要求，模型沿工作面推进方向长度取 200 m，两端各取 20 m 煤柱。工作面推进方向为 x 轴正方向，煤层倾斜方向为 y 轴方向，垂直方向为 z 轴方向，煤层呈水平状态。为了更精确地分析顶板超前屈服破坏特征和煤柱屈服破坏特征，对模型网格采用不等分划分。

模型边界条件：模型侧面为位移边界，限制模型的水平移动；模型底部为固支，限制水平和垂直位移；模型上覆岩层重量按均布载荷 q（$q = \gamma h$，γ 为容重，取平均值为 0.025 MN/m³）施加在模型的上部自由边界。在模拟过程中，考虑煤矿井下煤层赋存条件及地质构造的影响，在煤层走向和倾向两个方向上的水平应力取为垂直应力的 1.1 倍，即 $\sigma_x = \sigma_y = 1.1\sigma_z$。具体数值计算模拟正交实验方案见表 7 - 3。

表 7 - 3　数值计算模拟正交实验方案

方案	组合水平				
	空巷宽度/m	空巷高度/m	煤柱宽度/m	煤层普氏硬度系数	顶板平均普氏硬度系数
1	3.0	2.5	2.0	0.8	1.0
2	3.0	3.0	6.0	1.0	2.0
3	3.0	3.5	10.0	1.2	3.0
4	3.0	4.0	14.0	1.4	4.0
5	3.0	4.5	18.0	1.6	5.0
6	6.0	2.5	6.0	1.2	4.0
7	6.0	3.0	10.0	1.4	5.0
8	6.0	3.5	14.0	1.6	1.0
9	6.0	4.0	18.0	0.8	2.0
10	6.0	4.5	2.0	1.0	3.0
11	9.0	2.5	10.0	1.6	2.0
12	9.0	3.0	14.0	0.8	3.0
13	9.0	3.5	18.0	1.0	4.0
14	9.0	4.0	2.0	1.2	5.0
15	9.0	4.5	6.0	1.4	1.0
16	12.0	2.5	14.0	1.0	5.0
17	12.0	3.0	18.0	1.2	1.0

表7-3（续）

方案	组合水平				
	空巷宽度/m	空巷高度/m	煤柱宽度/m	煤层普氏硬度系数	顶板平均普氏硬度系数
18	12.0	3.5	2.0	1.4	2.0
19	12.0	4.0	6.0	1.6	3.0
20	12.0	4.5	10.0	0.8	4.0
21	15.0	2.5	18.0	1.4	3.0
22	15.0	3.0	2.0	1.6	4.0
23	15.0	3.5	6.0	0.8	5.0
24	15.0	4.0	10.0	1.0	1.0
25	15.0	4.5	14.0	1.2	2.0

7.2.2.3 不同方案下顶板及煤柱屈服破坏分布规律

残煤复采综放开采是否可行，关键在于保证采场顶板及煤柱的稳定性。在数值模拟过程中工作面前方煤柱及空巷上方顶板是否稳定，主要判别依据是顶板所划单元的破坏数量及位置。如果工作面前方顶板屈服破坏范围与空巷上方顶板屈服破坏范围贯通，则说明工作面顶板出现超前断裂现象；如果工作面前方顶板屈服破坏范围与空巷上方顶板屈服破坏范围未贯通，但空巷上方顶板屈服破坏范围较大，说明工作面前方顶板可能出现整体切顶断裂。若复采过程中出现上述两种情况，必然会发生压架、咬架，甚至倒架的事故，此时必须采取相应措施提前处理工作面前方空巷，保证残煤复采采场顶板的稳定性。工作面前方煤柱是否稳定的主要判别依据是煤柱所划单元的破坏数量及位置，如果工作面前方煤柱完全处于屈服破坏状态，煤柱突然失稳导致工作面前方控顶距突然增大，极易发生工作面煤壁片帮、端面冒漏、支架工作阻力急剧增加等情况。此时必须采取有效的互帮措施或提前处置空巷，以保证综放工作面的安全。

1. 空巷宽度为 3.0 m 时

图 7 - 9 为残煤复采综放工作面前方空巷宽度为 3.0 m 时，不同方案（表 7 - 3 中方案 1 ~ 5）中综放工作面超前顶板及煤柱屈服破坏单元分布特征。由图 7 - 9 可知，工作面前方空巷宽度为 3.0 m 时，煤柱屈服破坏范围与顶板超前屈服破坏范围均随着煤柱宽度的增加而减小。当煤柱宽度小于 10.0 m 时，煤柱几乎全部处于屈服破坏状态，极易发生失稳而垮塌；随着煤柱宽度的减小，煤柱支撑强度下降导致工作面前方顶板的破坏范围逐步增大。

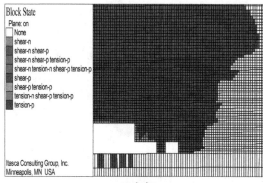

(a) 方案1

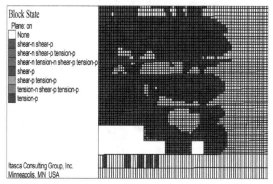

(b) 方案2

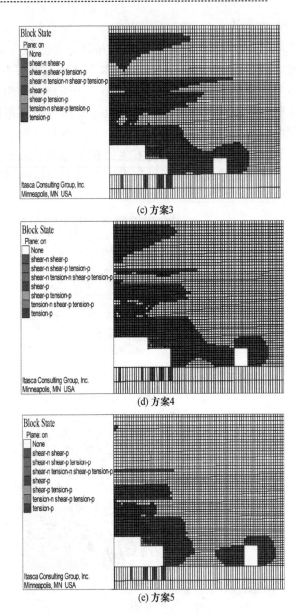

(c) 方案3

(d) 方案4

(e) 方案5

图7-9 空巷宽度为3.0 m时超前顶板及煤柱屈服破坏单元分布特征

2. 空巷宽度为 6.0 m 时

图 7-10 为残煤复采综放工作面前方空巷宽度为 6.0 m 时，不同方案（表 7-3 中方案 6~10）中工作面超前顶板及煤柱屈服破坏单元分布特征。图 7-10 中空巷宽度为 6.0 m，由于煤层及顶板普氏硬度系数不同，煤柱及顶板的破坏规律与方案 1~5 略有不同。煤柱宽度为 2.0 m 时顶板和煤柱的屈服破坏比例最大；煤柱宽度为 14.0 m 时煤柱的屈服破坏比例最小；煤柱宽度为 6.0 m 时顶板的屈服破坏比例最小。由图 7-10 可以看出，方案 6、10 煤柱已经失稳，方案 10 出现顶板超前断裂。

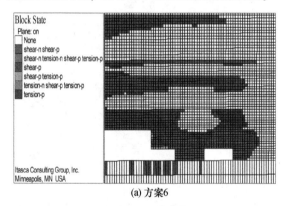

(a) 方案6

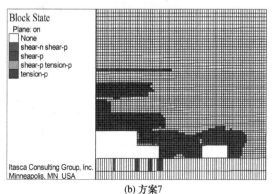

(b) 方案7

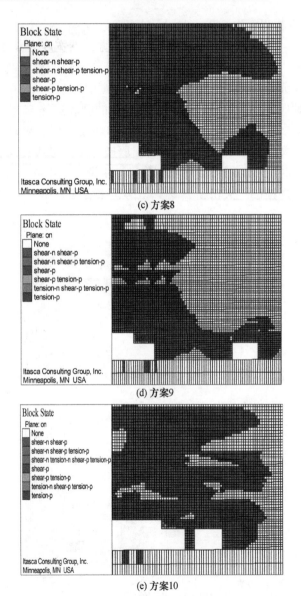

(c) 方案8

(d) 方案9

(e) 方案10

图 7 – 10　空巷宽度为 6.0 m 时超前顶板及煤柱屈服破坏单元分布特征

3. 空巷宽度为9.0 m 时

图7-11 为残煤复采综放工作面前方空巷宽度为9.0 m 时，不同方案（表7-3 中方案11~15）中工作面超前顶板及煤柱屈服破坏单元分布特征。由图7-11 可知空巷宽度为9.0 m 时，煤柱越宽其屈服破坏比例越小，而顶板超前破坏范围受顶板普氏硬度系数的影响较大。煤柱宽度为6.0 m 时顶板的屈服破坏比例最大；煤柱宽度为18.0 m 时顶板的屈服破坏比例最小；煤柱宽度为10.0 m、14.0 m 和18.0 m 时空巷上方顶板发生局部冒顶，煤柱宽度为2.0 m 和6.0 m 时工作面前方顶板均出现拉伸破断，形成超前断裂。

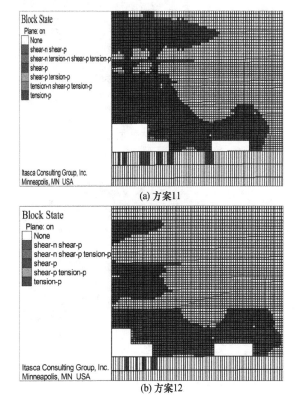

(a) 方案11

(b) 方案12

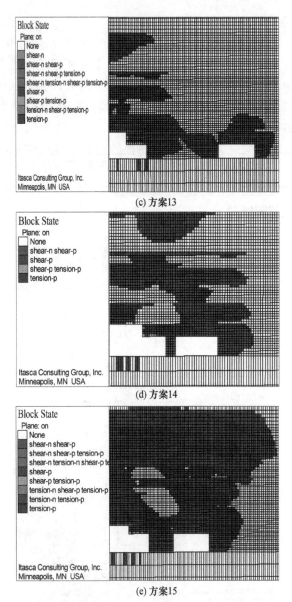

(c) 方案13

(d) 方案14

(e) 方案15

图 7 - 11 空巷宽度为 9.0 m 时超前顶板及煤柱屈服破坏单元分布特征

4. 空巷宽度为 12.0 m 时

图 7 - 12 为残煤复采综放工作面前方空巷宽度为 12.0 m 时，不同方案（表 7 - 3 中方案 16 ~ 20）中工作面超前顶板及煤柱屈服破坏单元分布特征。由图 7 - 12 可知空巷宽度为 12.0 m 时，煤柱越宽其屈服破坏比例越小，顶板超前破坏范围受顶板普氏硬度系数的影响较大。煤柱宽度为 2.0 m 时顶板的屈服破坏比例最大；煤柱宽度为 14.0 m 时顶板的屈服破坏比例最小；煤柱宽度为 6.0 m、10.0 m、14.0 m 和 18.0 m 时空巷上方顶板发生局部冒顶，煤柱宽度为 2.0 m 时工作面前方顶板均出现拉伸破断。

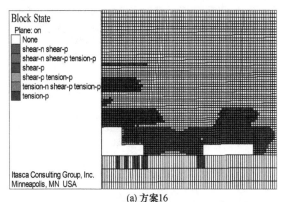

(a) 方案16

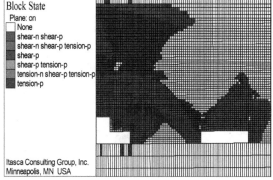

(b) 方案17

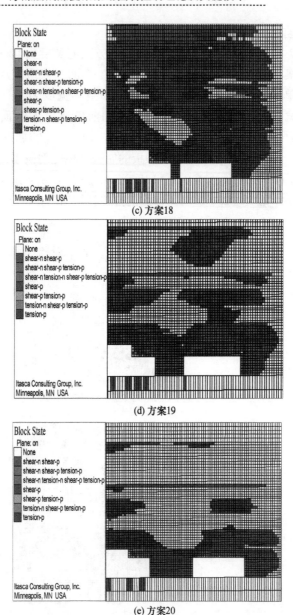

(c) 方案18

(d) 方案19

(e) 方案20

图 7 - 12　空巷宽度为 12.0 m 时超前顶板及煤柱屈服破坏单元分布特征

5. 空巷宽度为 15.0 m 时

图 7-13 为残煤复采综放工作面前方空巷宽度为 15.0 m 时，不同方案（表 7-3 中方案 21~25）中工作面超前顶板及煤柱屈服破坏单元分布特征。

图 7-13 为空巷宽度为 15.0 m 时，煤柱越宽其屈服破坏比例越小，顶板超前破坏范围受顶板普氏硬度系数的影响较大。煤柱宽度为 10.0 m 时顶板的屈服破坏比例最大；煤柱宽度为 18.0 m 时顶板的屈服破坏比例最小；煤柱宽度为 6.0 m、14.0 m 和 18.0 m 时空巷上方顶板发生局部冒顶，煤柱宽度为 2.0 m 和 10.0 m 时工作面前方顶板均出现拉伸破断。

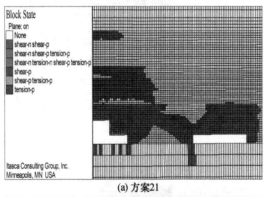

(a) 方案21

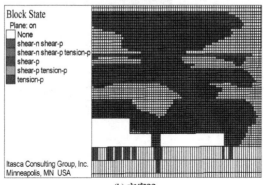

(b) 方案22

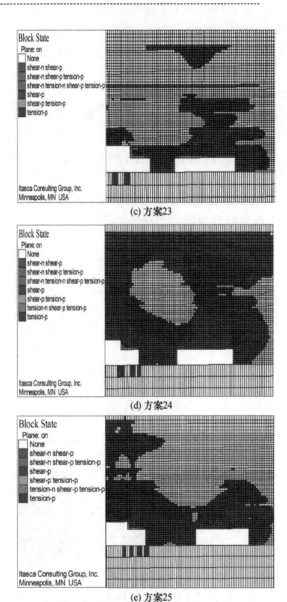

(c) 方案23

(d) 方案24

(e) 方案25

图 7 - 13　空巷宽度为 15.0 m 时超前顶板及煤柱屈服破坏单元分布特征

7.2.2.4 残煤复采综放开采安全可行性分析

1. 顶板稳定性多因素分析结果

工作面前方煤柱及空巷上方顶板的屈服破坏范围是衡量残煤复采采场顶板是否稳定的重要指标。因此作者定义了顶板超前屈服破坏系数 $F_{顶}$ 来定量描述顶板超前破坏程度。$F_{顶}$ 即工作面前方高度为距煤层顶板 28 m 范围内的顶板屈服破坏面积与煤柱和空巷上方距煤层顶板 28 m 范围内的顶板面积之比。通过前面的数值模拟计算，分析了厚煤层不同煤柱宽度、空巷宽度、空巷高度、煤层普氏硬度系数和顶板平均普氏硬度系数的综放工作面顶板及煤柱的破坏特征。下面对顶板稳定性多因素进行分析，表 7-4 为不同方案条件下顶板超前屈服破坏系数统计表。

表7-4 不同方案条件下顶板超前屈服破坏系数统计

方案	组 合 水 平					顶板超前屈服破坏系数 $F_{顶}$
	空巷宽度/m	空巷高度/m	煤柱宽度/m	煤层普氏硬度系数	顶板平均普氏硬度系数	
1	3.0	2.5	2.0	0.8	1.0	1.5935
2	3.0	3.0	6.0	1.0	2.0	1.0679
3	3.0	3.5	10.0	1.2	3.0	0.214
4	3.0	4.0	14.0	1.4	4.0	0.1997
5	3.0	4.5	18.0	1.6	5.0	0.0578
6	6.0	2.5	6.0	1.2	4.0	0.3234
7	6.0	3.0	10.0	1.4	5.0	0.1638
8	6.0	3.5	14.0	1.6	1.0	0.8288
9	6.0	4.0	18.0	0.8	2.0	0.3917
10	6.0	4.5	2.0	1.0	3.0	1.4783
11	9.0	2.5	10.0	1.6	2.0	0.2551
12	9.0	3.0	14.0	0.8	3.0	0.1961

表7-4（续）

方案	组合水平					顶板超前屈服破坏系数 $F_顶$
	空巷宽度/m	空巷高度/m	煤柱宽度/m	煤层普氏硬度系数	顶板平均普氏硬度系数	
13	9.0	3.5	18.0	1.0	4.0	0.2417
14	9.0	4.0	2.0	1.2	5.0	0.853
15	9.0	4.5	6.0	1.4	1.0	1.6768
16	12.0	2.5	14.0	1.0	5.0	0.184
17	12.0	3.0	18.0	1.2	1.0	0.6062
18	12.0	3.5	2.0	1.4	2.0	1.4053
19	12.0	4.0	6.0	1.6	3.0	0.7093
20	12.0	4.5	10.0	0.8	4.0	0.3505
21	15.0	2.5	18.0	1.4	3.0	0.246
22	15.0	3.0	2.0	1.6	4.0	0.9246
23	15.0	3.5	6.0	0.8	5.0	0.504
24	15.0	4.0	10.0	1.0	1.0	1.397
25	15.0	4.5	14.0	1.2	2.0	0.3966

由图7-14～图7-18可以看出，空巷宽度、空巷高度、煤柱宽度、煤层普氏硬度系数和顶板平均普氏硬度系数与顶板超前屈服破坏系数符合较好的对数关系，拟合曲线的相关系数 R^2 分别为0.9839、0.9695、0.9768、0.9812、0.9737。顶板超前屈服破坏系数与各因素的对数形式有近似的线性关系，可进行多元线形回归，假设多元线性回归方程为

$$F_顶 = a + bX_1 + cX_2 + dX_3 + eX_4 + fX_5 \qquad (7-4)$$

式中 $F_顶$——顶板超前屈服破坏系数。

$$X_i = \ln T_i \quad (i = 1,2,3,4,5) \qquad (7-5)$$

其中，T_1、T_2、T_3、T_4、T_5分别为空巷宽度l_1、空巷高度B、煤柱宽度l_2、煤层普氏硬度系数$f_煤$和顶板平均普氏硬度系数$f_顶$。a、b、c、d、e、f为待求系数。

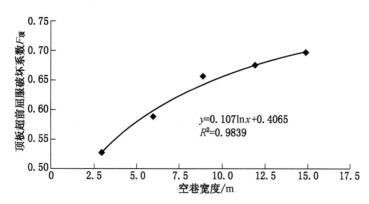

图7-14 空巷宽度与顶板超前屈服破坏系数的回归曲线

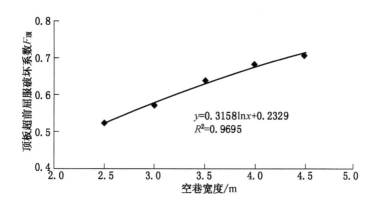

图7-15 空巷高度与顶板超前屈服破坏系数的回归曲线

将实验数据结果代入式（7-4）、式（7-5）进行线性回归分析可得

$$F_顶 = 1.002 + 0.033\ln l_1 + 0.447\ln B - 0.453\ln l_2 - $$

$$0.123 \ln f_{煤} - 0.538 \ln f_{顶} \qquad (7-6)$$

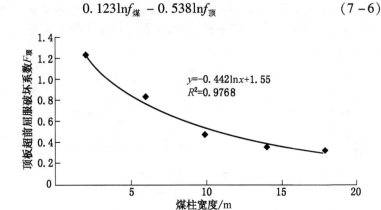

图 7-16　煤柱宽度与顶板超前屈服破坏系数的回归曲线

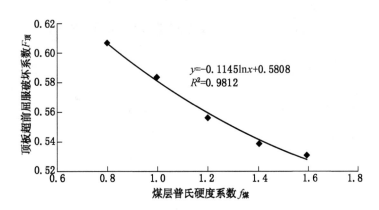

图 7-17　煤层普氏硬度系数与顶板超前屈服破坏系数的回归曲线

　　进行显著性判断，$F = 33.97482$，其显著性水平 $p = 7.68 \times e^{-9}$（$p < 0.05$），表明存在真实的（显著的）五元一次线性回归方程，用该方程可以对特定条件下残煤复采综放工作面顶板超前破坏范围进行预测。线性回归分析的方差分析见表 7-5。

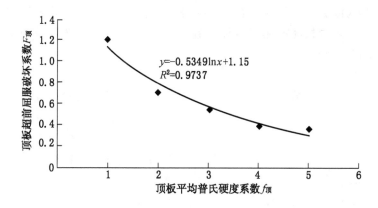

图7-18 顶板平均普氏硬度系数与顶板超前屈服破坏系数的回归曲线

表7-5 线性回归分析的方差分析

变异来源	平方和	自由度	均方	F值	显著性水平 p
回归分析	5	5.689046	1.137809	33.97482	7.68×10^{-9}
残差	19	0.636306	0.03349		
总计	24	6.325352			

　　为了得出在残煤复采综放开采中，与空巷宽度密切相关的各因素对顶板超前破坏影响的显著程度和主次排序，需要引用极差分析。各因素对 $F_顶$ 影响的极差即为不同参数条件下的顶板超前屈服破坏系数 $F_顶$ 的最大值减最小值，可得结果为

空巷宽度：$l_1 = 0.69364 - 0.52658 = 0.16706$

空巷高度：$B = 0.792 - 0.5204 = 0.2716$

煤柱宽度：$l_2 = 1.22734 - 0.30868 = 0.91866$

煤层普氏硬度系数：$f_煤 = 0.60716 - 0.51512 = 0.09204$

顶板平均普氏硬度系数：$f_顶 = 1.20046 - 0.34892 = 0.85154$

　　根据各因素极差大小，得出对顶板超前屈服破坏系数 $F_顶$ 影响程度的主次排序为：煤柱宽度 l_2 >顶板平均普氏硬度系数 $f_顶$ >

空巷高度 B >空巷宽度 l_1 >煤层普氏硬度系数 $f_{煤}$。由此可以看出，影响顶板超前屈服破坏系数的主要因素是煤柱宽度及顶板平均普氏硬度系数。

2. 煤柱稳定性多因素分析结果

由前面的分析可知，工作面与其前方空巷之间的煤柱是否稳定是导致煤壁片帮及顶板超前失稳的关键。定义了煤柱屈服破坏系数 $F_{柱}$ 用来定量描述顶板超前破坏程度，评价煤柱稳定性。为了便于统计，定义了煤柱屈服破坏系数为工作面与前方空巷间煤柱屈服破坏面积与煤柱总面积之比。下面对工作面煤柱稳定性进行多因素分析，表7-6为不同方案条件下煤柱屈服破坏系数统计表。

表7-6 不同方案条件下煤柱屈服破坏系数统计

方案	组 合 水 平					煤柱屈服破坏系数 $F_{柱}$
	空巷宽度/m	空巷高度/m	煤柱宽度/m	煤层普氏硬度系数	顶板平均普氏硬度系数	
1	3.0	2.5	2.0	0.8	1.0	1
2	3.0	3.0	6.0	1.0	2.0	1
3	3.0	3.5	10.0	1.2	3.0	0.8759
4	3.0	4.0	14.0	1.4	4.0	0.7616
5	3.0	4.5	18.0	1.6	5.0	0.5604
6	6.0	2.5	6.0	1.2	4.0	1
7	6.0	3.0	10.0	1.4	5.0	0.8333
8	6.0	3.5	14.0	1.6	1.0	0.7359
9	6.0	4.0	18.0	0.8	2.0	0.7196
10	6.0	4.5	2.0	1.0	3.0	1
11	9.0	2.5	10.0	1.6	2.0	0.79
12	9.0	3.0	14.0	0.8	3.0	0.8464
13	9.0	3.5	18.0	1.0	4.0	0.7579

表 7-6（续）

方案	组合水平					煤柱屈服破坏系数 $F_{柱}$
	空巷宽度/m	空巷高度/m	煤柱宽度/m	煤层普氏硬度系数	顶板平均普氏硬度系数	
14	9.0	4.0	2.0	1.2	5.0	1
15	9.0	4.5	6.0	1.4	1.0	1
16	12.0	2.5	14.0	1.0	5.0	0.8643
17	12.0	3.0	18.0	1.2	1.0	0.5467
18	12.0	3.5	2.0	1.4	2.0	1
19	12.0	4.0	6.0	1.6	3.0	1
20	12.0	4.5	10.0	0.8	4.0	1
21	15.0	2.5	18.0	1.4	3.0	0.5833
22	15.0	3.0	2.0	1.6	4.0	1
23	15.0	3.5	6.0	0.8	5.0	1
24	15.0	4.0	10.0	1.0	1.0	0.9338
25	15.0	4.5	14.0	1.2	2.0	0.9003

由于煤柱屈服破坏系数与空巷宽度、空巷高度、煤层普氏硬度系数及顶板平均普氏硬度系数符合很高的对数关系，只有煤柱宽度符合多项式关系，相关系数 R^2 分别为 0.9737、0.9611、0.9703、0.9691 和 0.9951（图 7-19～图 7-23）。所以煤柱屈服破坏系数与各因素的对数形式有近似的线性关系，可进行多元线形回归，假设多元线性回归方程为

$$F_{柱} = A + BX_1 + CX_2 + DX_3 + EX_4 + FX_4 \qquad (7-7)$$

式中 $F_{柱}$——煤柱屈服破坏系数。

$$X_i = \ln\beta_i \quad (i = 1、2、3、4、5) \qquad (7-8)$$

其中，β_1、β_2、β_3、β_4、β_5 分别为空巷宽度 l_1、空巷高度 B、煤柱宽度 l_2、煤层普氏硬度系数 $f_{煤}$、顶板平均普氏硬度系数 $f_{顶}$；A、B、C、D、E、F 为待求系数。

将实验数据结果代入式（7-7）、式（7-8）进行线性回归分析可得

$$F_柱 = 1.007 + 0.029\ln l_1 + 0.086\ln B - 0.143\ln l_2 -$$
$$0.152\ln f_煤 + 0.015\ln f_顶 \qquad (7-9)$$

进行显著性判断，$F = 7.405041$，其显著性水平 $p =$ $0.000529(p < 0.05)$，表明存在真实的（显著的）五元一次线性回归方程，用该方程可以对特定条件下残煤复采综放工作面煤柱的稳定性进行预测。线性回归分析的方差分析见表7-7。

表7-7　线性回归分析的方差分析

变异来源	平方和	自由度	均方	F 值	显著性水平 p
回归分析	5	0.361286	0.072257	7.405041	0.000529
残差	19	0.185399	0.009758		
总计	24	0.546685			

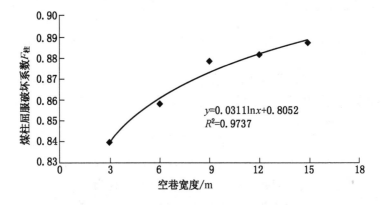

图7-19　空巷宽度与煤柱屈服破坏系数的回归曲线

为了得出在残煤复采综放开采中，与空巷宽度密切相关的各因素对煤柱稳定性影响的显著程度和主次排序，需要引用极差分析。各因素对 $F_柱$ 影响的极差即为不同参数条件下的煤柱屈服破坏系数 $F_壁$ 的最大值减最小值，可得结果为：

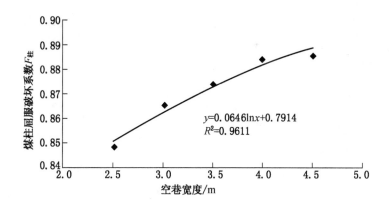

图 7 - 20 空巷高度与煤柱屈服破坏系数的回归曲线

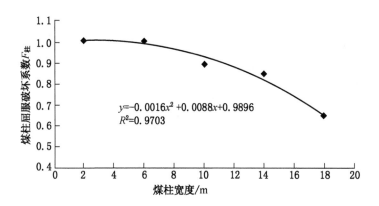

图 7 - 21 煤柱宽度与煤柱屈服破坏系数的回归曲线

空巷宽度：$l_1 = 0.88748 - 0.83958 = 0.0479$

空巷高度：$B = 0.89214 - 0.84752 = 0.04462$

煤柱宽度：$l_2 = 1 - 0.63358 = 0.36642$

煤层普氏硬度系数：$f_煤 = 0.9332 - 0.81726 = 0.11594$

顶板平均普氏硬度系数：$f_顶 = 0.87328 - 0.8526 = 0.02068$

根据各因素极差大小，得出对煤柱屈服破坏系数 $F_柱$ 影响程

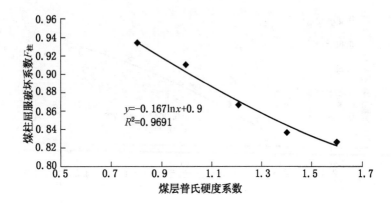

图 7 - 22　煤层普氏硬度系数与煤柱屈服破坏系数的回归曲线

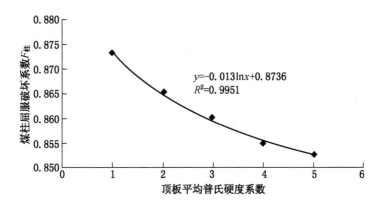

图 7 - 23　顶板平均普氏硬度系数与煤柱屈服破坏系数的回归曲线

度的主次排序为：煤柱宽度 H_2 >煤层普氏硬度系数 $f_煤$ >空巷宽度 H_1 >空巷高度 B >顶板平均普氏硬度系数 $f_顶$。由此可以看出，影响煤柱屈服破坏系数的主要因素是煤柱宽度及煤层普氏硬度系数。

3. 残煤复采综放开采安全可行性分析

顶板是否稳定是残煤复采围岩控制的关键指标，由于工作面前方煤柱失稳使得空巷上方顶板形成长悬臂梁结构,当空巷宽度较大时顶板易发生超前断裂。因此从空巷宽度、空巷高度、煤柱宽度、煤层普氏硬度系数和顶板平均普氏硬度系数 5 个参数进行分析,从而确定不同参数条件下残煤复采综放开采顶板稳定性的技术参数。通过对 25 个模拟方案的分析表明,共有 16 个模拟方案的顶板超前屈服破坏系数大于 0.3。这 16 个模拟方案中,部分方案空巷上方顶板屈服破坏区域与工作面顶板超前屈服破坏区域贯通;部分方案空巷上方直接顶完全破坏且基本顶发生局部冒落,顶板稳定性较差,易发生顶板超前断裂或支架前方顶板切顶的事故。而当顶板超前屈服破坏系数小于 0.3 时,空巷上方顶煤处于屈服破坏状态,直接顶发生局部冒顶,但整体顶板稳定性较好。因此将顶板超前屈服破坏系数为 0.3 作为顶板超前破坏与否的判断指标。

模拟结果表明,煤层强度对顶板超前屈服破坏影响较小,但对煤柱稳定性影响较大。当煤层普氏硬度系数小于 1.4 时,煤柱屈服破坏变化较大;当煤层普氏硬度系数由 1.4 增加到 1.6 时,顶板超前屈服破坏系数与煤柱屈服破坏系数变化较小,由此表明当煤层硬度系数大于一定值时,由于工作面超前支承压力与空巷两侧应力叠加,作用在煤柱上的力远大于煤柱的屈服强度,此时取 $f_{煤} = 1.4$。

通过前面的数值模拟分析,当空巷高度由 2.5 m 增加至 4.0 m 时,顶板超前屈服破坏系数及煤柱屈服破坏系数变化较大;当空巷高度由 4.0 m 增加至 4.5 m 时,顶板超前屈服破坏系数及煤柱屈服破坏系数基本趋于稳定,而且煤层残采时受开采工艺的限制,巷道高度一般不超过 4.0 m。此时可取空巷高度为 4.0 m 作为恒定值进行下面的分析,即 $B = 4.0$ m。

为保证顶板稳定,必须满足:

$$F_{顶} = 1.002 + 0.033\ln l_1 + 0.447\ln B - 0.453\ln l_2 -$$
$$0.123\ln f_{煤} - 0.538\ln f_{顶} \leqslant 0.3 \qquad (7-10)$$

整理得

$$0.033\ln l_1 - 0.538\ln f_顶 - 0.453\ln l_2 + 1.281 \leqslant 0$$

$$(7-11)$$

在煤柱稳定性模拟研究中，通过对 25 个方案的模拟分析表明，共有 17 个方案的煤柱屈服破坏系数大于 0.8。这 17 个方案中，煤柱屈服破坏区域贯穿整个煤柱高度范围，煤柱稳定性基本丧失。而当煤柱屈服破坏系数小于 0.8 时，煤柱仍存在具有承载能力的弹性核区，可视为煤柱仍具有承载能力。因此煤柱屈服破坏系数为 0.8 作为煤柱是否失稳的判断指标，此时取 $f_煤 = 1.4$，$B = 4.0$ m。

为保证煤柱的稳定性，空巷宽度、空巷高度、煤柱宽度、煤层普氏硬度系数和顶板平均普氏硬度系数必须满足：

$$F_柱 = 1.007 + 0.029\ln l_1 + 0.086\ln B - 0.143\ln l_2 -$$
$$0.152\ln f_煤 + 0.015\ln f_顶 \leqslant 0.8 \qquad (7-12)$$

整理得

$$0.029\ln l_1 + 0.015\ln f_顶 - 0.143\ln l_2 + 0.275 \leqslant 0$$

$$(7-13)$$

为了保证残煤复采综放开采顶板和煤柱的稳定性，空巷宽度、煤柱宽度和顶板平均普氏硬度系数必须同时满足不等式 (7-10) 和不等式 (7-12)。

取空巷宽度为 3 m、6 m、9 m、12 m、15 m，由此可得到不同空巷宽度条件下，煤柱宽度和顶板平均普氏硬度系数的相互关系，如图 7-24 所示。图 7-24 中两曲线的交点代表煤柱与顶板同时处于稳定状态的临界点，该临界点将两条曲线分为 4 个区域。临界点左侧区域表示煤柱稳定、顶板不稳定，临界点右侧区域表示煤柱不稳定、顶板稳定，临界点上侧区域表示煤柱与顶板均稳定，临界点下侧区域表示煤柱及顶板均不稳定。

由图 7-24 可知，在保证煤柱及顶板稳定的前提下，随着空巷宽度的增加所要求的煤柱宽度和顶板平均普氏硬度系数逐渐增大。空巷宽度一定时，当顶板平均普氏硬度系数增加至 4 时，煤柱宽度对顶板的稳定性影响较小；当顶板平均普氏硬度系数小于 2 时，煤柱宽度对顶板的稳定性影响较大。随着残煤复采综放工作面的推进，工作面与空巷之间的煤柱宽度逐步减小，煤柱也逐渐由稳定状态变为不稳定状态直至完全失稳。由图 7-24 中各曲线所划分的 4 个区域可知，当煤柱与顶板均不稳定时，由于煤柱失稳造成工作面顶板的悬臂梁突然增大，此时极易发生顶板超前断裂，这是残煤复采必须处理的情况之一；当煤柱稳定而顶板不稳定时，表明受超前支承压力的影响，空巷上方顶板出现破坏甚至冒顶，随着工作面向前推进煤柱开始失稳，顶板极易发生端面切顶事故；当煤柱不稳定而顶板稳定时，表明顶板强度较大自承能力较强，此情形不易发生严重的

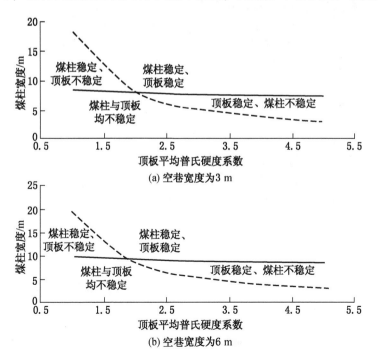

(a) 空巷宽度为 3 m

(b) 空巷宽度为 6 m

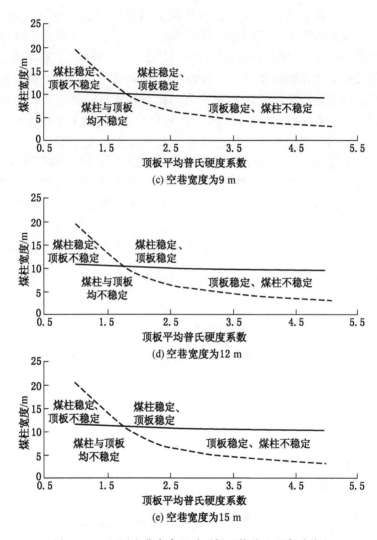

图 7-24 不同空巷宽度下对顶板平均普氏硬度系数和
煤柱宽度相互制约的关系曲线

顶板事故，但要防止工作面煤壁片帮或端面冒漏。

针对不同的残采煤层赋存特征，首先通过式（7-12）计算出煤柱失稳的临界宽度，然后再利用式（7-10）计算出顶板超前屈服破坏系数。当顶板超前屈服破坏系数大于0.3时，表明顶板稳定性较差，此时既可能发生顶板超前断裂也可能发生切顶事故，此种情况必须提前处理空巷；当顶板超前屈服破坏系数小于0.3时，表明顶板的稳定性较好，此时只需采取相应措施防止煤壁片帮及端面冒漏。

7.3 残煤复采条件适宜性评价实例

本书以圣华煤业残采区为例，该矿位于山西省晋城市泽州县境内。2004年以前，该矿由于生产方式简陋，采煤方法落后等，一直沿用以掘代采的巷柱式开采，对3号煤层煤炭资源造成了破坏。该矿旧采遗留煤柱资源、开采区厚度煤及部分块段实体煤，储量合计为277.3万t，旧采时煤炭资源回收率不足30%，据计算，残留煤炭资源的可采储量约为144.6万t。对3号煤层旧采残留煤炭进行复采，可延长矿井寿命4.02 a。

7.3.1 残煤复采经济可采性评价实例

1. 经济可采性评价基本参数

圣华煤业残煤复采新增地表塌陷面积、矸石山面积、残煤复采矿井建设基本投资、基本建设期等评价参数见表7-8。

2. 煤炭售价、吨煤资本和生产经营费用

根据目前煤炭行情及现场调研：该矿3号煤层煤炭平均售价 $P_i = 630$ 元/t；吨煤资本费用 $R \approx 151.3 (A/P, 10\%, 4.02) = 47.5$ 元/t；生产经营费用 $C_i = 360 + 85 + 4 + 85 \times 0.1 = 475.5$ 元/t，其中吨煤生产成本280元/t（询价），考虑残煤复采过程中采用注浆、充填等方式处理旧采空巷，所以残煤复采吨煤生产成本取360元/t、增值税85元/t、资源税4元/t、城市维护建设税为增值税的7%、教育费附加为增值税的3%。

表7-8 圣华煤业残煤复采经济可采性评价参数

评 价 参 数		取 值
新增永久性占地面积/亩		0
新增塌陷土地面积/亩	耕地	381
	林地	124
	草地	134
新增矸石山占地面积/m²		4020
新增矸石量/万 t		14.46
残采遗留煤炭资源可采储量/万 t		144.6
残煤复采矿井建设基本投资/万元		4538.65
基本建设期/a		1.5
设计生产能/(万 t·a⁻¹)		30
基准收益率/%		10

3. 环境补偿价值

煤炭资源开发环境损失分为生态破坏损失和环境污染损失。生态破坏损失包括直接损失、间接损失和恢复费用，环境污染损失主要包括大气污染损失、水污染损失和固体废物污染损失。根据全国第五次森林资源普查数据及相关文献确定环境补偿价值的相关参数。

单位煤炭产量永久建筑物占地面积 A_a：$A_a = 0$；

单位煤炭产量矸石占地面积（A_r）：$A_r = 4020 \div 144.6 \div 10000 = 0.00027 \ m^2/t$；

单位煤炭产量塌陷面积（A_s）：$A_s = 639 \times 2000 \div 3 \div 144.6 \div 10000 = 0.29 \ m^2/t$。

1）生态破坏损失 EC_1

（1）直接损失 EC_{11}：

$$EC_{11} = \frac{V_1 + V_2}{Q_{可}} + V_3$$

式中　　V_1——永久性占用土地的直接收益损失值，元；

　　　　V_2——塌陷土地的直接收益损失值，元；

　　　　V_3——水资源破坏直接损失值，元/t；

　　　　$Q_{可}$——可采储量，t；

① 新增永久性占用土地的直接收益损失值 $V_1 = 0$。

② 新增塌陷土地的直接收益损失值 (V_2)，根据塌陷土地面积计算（耕地面积 381 亩，林地面积 124 亩，草地面积 134 亩），可计算出塌陷土地的直接收益损失值为：$V_2 = (381 \times 0.63 + 124 \times 0.75 + 134 \times 0.22) \times 2000 \div 3 = 241673$ 元。

③ 新增水资源破坏损失值 (V_3)，$V_3 = 3.3 \times 10 = 33$ 元/t。

因此，煤炭资源开采直接损失值为：$EC_{11} = (V_1 + V_2)/Q_{可} + V_3 = (0 + 241673) \div 144.6 \div 10000 + 33 = 33.17$ 元/t。

（2）间接损失 EC_{12}：

① 新增永久性占用土地的生态效益损失值 (V'_1)，$V'_1 = 0$。

② 塌陷土地的生态效益损失值 (V'_2)，包括：

单位塌陷土地森林的生态价值：$V'_{21} = 850 \div (2000 \div 3) = 1.275$ 元/m^2；

单位塌陷土地耕地的生态价值：$V'_{22} = 700 \div (2000 \div 3) = 1.05$ 元/m^2；

单位塌陷土地草地的生态价值：$V'_{23} = 509.12 \times 6.234 \div (15 \times 2000 \div 3) = 0.32$ 元/m^2。

根据新增塌陷土地面积计算（耕地面积 381 亩，林地面积 124 亩，草地面积 134 亩），可计算出塌陷土地收益损失值为：$V'_2 = (381 \times 1.275 + 124 \times 1.05 + 134 \times 0.32) \times 2000 \div 3 = 439237$ 元。

因此，残煤复采间接损失值为（水的损失已计算过，为避免重复计算，不再计入间接损失）：$EC_{12} = (V_1 + V_2)/Q_{可} = (0 + $

439237）÷144.6÷10000 = 0.3 元/t。

（3）生态恢复 EC_{13}：EC_{13} = 森林生态恢复费用 + 耕地生态恢复费用 + 草地生态恢复费用 = [（381×8 + 124×4 + 134×4）× 2000÷3 + 4020×4]÷144.6÷10000 = 1.89 元/t。

因此，残煤复采生态破坏损失 $EC_1 = EC_{11} + EC_{12} + EC_{13} = 33.17 + 0.3 + 1.89 = 35.36$ 元/t。

2）生态破坏损失 EC_2

残煤复采污染损失主要包括大气污染损失、水污染损失和固体废物污染损失

$$EC_2 = EC_{21} + EC_{22} + EC_{23}$$

式中 EC_{21}——大气污染损失，元/t；

EC_{22}——水污染损失，元/t；

EC_{23}——固体废物污染损失，元/t。

（1）大气污染损失 EC_{21}：

$$EC_{21} = U_1 + U_2$$
$$U_2 = Q_P N_{CO_2} \times 21$$

式中 U_1——人体健康损失，元/t；

U_2——煤层气排放容量费用，元/t；

Q_P——煤层气产量，m^3/t；

N_{CO_2}——CO_2 国际交易标准，元/m^3。

人体健康损失为4.06 元/t，瓦斯含量为 11.73 m^3/t，可得：$EC_{21} = U_1 + U_2 = 4.06 + 11.73 \times 0.012 \times 6.234 \times 21 = 22.5$ 元/t。

（2）水污染损失 EC_{22}：吨煤污水处理成本为 2.64 元/t，取水污染损失 $EC_{22} = 2.64$ 元/t。

（3）固体废物污染损失 EC_{23}：$EC_{23} = 14.46 \div 144.6 \times 8 = 0.8$ 元/t。

因此，残煤复采环境污染损失 $EC_2 = EC_{21} + EC_{22} + EC_{23} = 22.5 + 2.64 + 0.8 = 25.94$ 元/t。

因此，圣华煤业残煤复采资源环境补偿价值为：$EC = EC_1 +$

$EC_2 = 35.36 + 25.94 = 61.3$ 元/t。

4. 残煤复采经济可采性评价结果

由于旧式开采遗留大量的煤柱支撑顶板，对地下水体、地表塌陷等生态环境的破坏较小。而残煤复采采用长臂工作面回采，会对地表及水体产生进一步的破坏，取 $f_1 = 0.8$，$f_2 = 1$，则

$$EC_复 = f_1 EC_1 + f_2 EC_2 = 0.8 \times 35.36 + 1 \times 25.94 = 54.23$$

$$P_i - C_i - R - EC = 630 - 475.5 - 47.5 - 54.32 = 52.68 \geqslant 0$$

因此，圣华煤业残煤复采经济可采。

7.3.2 残煤复采安全可采性评价实例

7.3.2.1 基于数值计算方法的残煤复采安全可行性评价

针对圣华煤业实际煤层赋存特征及煤层顶板的岩石力学参数，首先通过式（7-12）计算出煤柱失稳的临界宽度，然后再利用式（7-10）计算出顶板超前屈服破坏系数。当顶板超前屈服破坏系数大于 0.3 时，表明顶板稳定性较差，此时既可能发生顶板超前断裂也可能发生切顶事故，此种情况必须提前处理空巷；当顶板超前屈服破坏系数小于 0.3 时，表明顶板稳定性较好，此时只需采取相应措施防止煤壁片帮及端面冒漏。

由表3-1可知，圣华煤业煤层普氏硬度系数 $f_煤 = 1.35$，顶板平均普氏硬度系数 $f_顶 = 3.23$，旧采遗留空巷宽度 $l_1 = 3$ m、5 m、7 m 和 9 m，空巷高度 $B = 3.2$ m。

依据式（7-10）和式（7-12）计算的结果见表7-9。由表7-9可以看出，当空巷宽度为 9 m，煤柱宽度达到临界宽度时，顶板超前屈服破坏系数大于0.3，表明顶板超前失稳，即当圣华煤业旧采遗留空巷宽度小于 7 m 时，只需采用单体柱或木垛支护空巷，防止空巷出现局部冒顶或工作面煤壁片帮等安全隐患；当空巷宽度大于 9 m 时，必须采用充填空巷的方式，防止顶板发生超前断裂，造成重大安全事故。

表7-9 计 算 结 果

空巷宽度/m	煤柱失稳临界宽度/m	顶板超前屈服破坏系数
3	5.714485	0.100893
5	6.338222	0.170823
7	6.785812	0.251015
9	7.140621	0.336221

7.3.2.2 基于力学特性的残煤复采安全可行性评价

圣华煤业3号煤层残煤复采放顶煤工作面选用的液压支架型号为ZF6500/20/38。利用式（7-3）计算出工作面发生超前断裂时空巷的临界宽度 $l_1 = 8.2$ m，即当工作面前方空巷宽度大于8.2 m时，回采前必须采用注浆或充填等方式处理空巷，防止发生顶板超前断裂造成顶板事故。

7.4 本章小结

（1）根据煤炭资源的自然价值理论和环境资源价值理论，认为煤炭资源价值由自然价值和环境价值组成，构建了残煤经济可采性评价方法 $P_i - C_i - R - (f_1 EC_1 + f_2 EC_2) \geqslant 0$。

（2）依据理论力学、材料力学和结构力学的基本理论，建立了残煤复采采场顶板断裂结构的预测模型，根据结构模型建立了工作面过空巷力学结构基本体系，得出工作面顶板超前断裂的临界条件为：$\sigma = \dfrac{M'_O}{W_E} = \dfrac{l_1 X_1 + (l_1 + l_2) X_2 + M_O}{6bH^2} = \sigma_t$。

（3）煤柱失稳和顶板超前断裂是残煤复采采场围岩控制的两个重点，为了研究煤柱稳定性与顶板稳定性的相互关系，采用多因素、多水平的数值计算方法研究了顶板超前屈服破坏系数、煤柱屈服破坏系数与空巷宽度、空巷高度、煤柱宽度、煤层普氏硬度系数和顶板平均普氏硬度系数，并得出残煤复采安全可采性的评价公式：$F_{顶} = 1.002 + 0.033\ln l_1 + 0.447\ln B -$

$0.453 \ln l_2 - 0.123 \ln f_{煤} - 0.538 \ln f_{顶} \leqslant 0.3$ 和 $F_{柱} = 1.007 + 0.029 \ln l_1 + 0.086 \ln B - 0.143 \ln l_2 - 0.152 \ln f_{煤} + 0.015 \ln f_{顶} \leqslant 0.8$。

（4）将残煤复采经济可采性评价体系及安全可采性评价公式应用到圣华煤业残采区，认为该矿残煤复采在经济上是合理的，在安全上是可行的。

参 考 文 献

[1] 朱训. 中国矿情（第一卷）总论：能源矿产 [M]. 北京：科学出版社，1999.

[2] 郑行周. 高效采煤对煤炭可持续开采影响研究 [D]. 北京：中国矿业大学（北京），2004.

[3] 中国能源发展报告编辑委员会. 中国能源发展报告 [M]. 北京：中国计量出版社，2003.

[4] 国家统计局. 中国统计年鉴 [M]. 北京：中国统计出版社，2004.

[5] 中国经济景气监测中心. 中国能源产业地图（2006～2007）[M]. 北京：社会科学文献出版社，2006.

[6] 徐永圻. 煤矿开采学 [M]. 徐州：中国矿业大学出版社，1999.

[7] 吴建. 我国放顶煤开采的理论与实践 [J]. 煤炭学报，1991，16 (3): 1-11.

[8] 靳钟铭. 放顶煤开采理论与技术 [M]. 北京：煤炭工业出版社，2001.

[9] 周仕来，刘勇. 小煤矿在残采复采过程中安全技术问题分析与措施 [J]. 煤矿安全，2010，(6): 120-121.

[10] 张廷民，刘新宏. 刀柱下弃置煤炭复采技术的应用 [J]. 山西煤炭，2006，26(4): 38-40.

[11] 龚真鹏. 红会矿区小煤窑开采区综放复采技术研究 [D]. 西安：西安科技大学，2007.

[12] Hawkins J W. Characterization and Effectiveness of Remining Coal MinesPennsylvania [M]. New Jersey：Washington pressing，1993.

[13] Veil，John A. Potential benefits from and barriers against coal remining [J]. Proceedings of the Mid-Atlantic Industrial Waste Conference，1993: 468-477.

[14] Smith，M. W.，Skema，V. W. Valuating the potential for acid mine drainage remediation through remining in the Tangascootack Creek watershed，Clinton County，Pennsylvania [J]. Mining Engineering，2001，53(2): 41-48.

[15] K. Scott Keim，Marshaller. Case study evaluation of geological influences

impacting mining conditions at a West Virginia long wall mine [J]. International Journal of Coal Geology, 1999, 41: 51 - 71.

[16] 钱鸣高, 石平五. 矿山压力与岩层控制 [M]. 徐州: 中国矿业大学出版社, 2003.

[17] 谭云亮. 矿山压力与岩层控制 [M]. 北京: 煤炭工业出版社, 2007.

[18] 贾喜荣, 翟英达. 采场薄板矿压理论与实践综述 [J]. 矿山压力与顶板管理, 1999(3): 22 - 25.

[19] 丁光文, 陈付生. 块体理论及其应用实例研究 [J]. 武汉钢铁学院学报, 1995, 18(3): 260 - 263.

[20] 李红涛, 刘长友, 汪理全. 上位直接顶 "散体拱" 结构的形成及失稳演化 [J]. 煤炭学报, 2008, 33(4): 378 - 381.

[21] 翟新献, 邵强, 王克杰, 等. 复采残采煤层小煤矿开采技术研究 [J]. 中国安全科学学报, 2004, 14(4): 47 - 50.

[22] 宋保胜, 王长伟, 李勇, 等. 刀柱复采垮隔离煤柱布置探索与实践 [J]. 煤矿开采, 2009, 14(5): 21 - 23, 45.

[23] 冯国瑞. 残采期上行开采基础理论及应用的研究 [D]. 太原: 太原理工大学, 2009.

[24] 张仙保. 莒山煤矿复采工作面矿压显现规律与控制技术研究 [J]. 矿业安全与环保, 2006, 33(增6): 26 - 28.

[25] 翟新献, 邵强, 王克杰, 等. 复采残采煤层小煤矿开采技术研究 [J]. 中国安全科学学报, 2004, 14(4): 47 - 51.

[26] 翟新献, 钱鸣高, 李化敏, 等. 小煤矿复采煤柱塑性区特征及采准巷道支护技术 [J]. 岩石力学与工程学报, 2004, 23 (22): 3799 - 3802.

[27] 李宏星. 白家庄矿残采区上行开采技术研究 [D]. 太原: 太原理工大学, 2006.

[28] 王明立, 张华兴, 张刚艳. 刀柱式老采空区上行长壁开采的采矿安全评价 [J]. 采矿与安全工程学报, 2008, 26(1): 87 - 90.

[29] 杨本生, 洛锋, 刘超, 等. 碎裂顶板固结综采复采技术应用 [J]. 中国煤炭, 2009, 22(1): 17 - 21.

[30] 黄贵庭. 刀柱下复采工作面集中应力区域控制技术的研究与应用

[J]．科学之友，2008(1)：5 - 6.

[31] 孙维乾．残采区复采顶板管理 [J]．东北煤炭技术，1992(4)：
2 - 3.

[32] 陆刚．衰老矿井残煤可采性评价与复采技术研究 [D]．徐州：中国
矿业大学，2010.

[33] 杨书召．小煤矿复采残采煤层采煤方法 [J]．中州煤炭，2005(1)：
20 - 22.

[34] 邓保平．汾西新柳煤矿小煤窑破坏区复采技术研究 [D]．北京：中
国矿业大学（北京），2013.

[35] 张仙保．刀柱式老采空区下遗留煤体复采可行性分析与实践 [J]．
煤矿开采，2007(5)：18 - 23.

[36] 安兆忠．国有煤矿应做好煤炭复采的文章 [J]．煤炭企业管理，
2003(5)：52 - 53.

[37] 王清源．红会一矿小煤窑开采破坏区复采的技术实践 [J]．煤，
2009，18(12)：21 - 23.

[38] 王强，王占洲．低位综放采空区残煤回收装置 [J]．煤炭工程，
2008(8)：104 - 105.

[39] 赵昉段，海峰．我国乡镇煤矿的兴衰及启示 [J]．发展论坛，2007
(5)：21 - 23.

[40] Selden T，Song D. Environmental quality and development：is there a
Kuznets curv for air Pollution emissions [J]．Journal of Environmental E-
conomics and Management，1994，27(2)：147 - 162.

[41] 张小强．厚煤层残采后资源再回收的试验与研究 [D]．太原：太原
理工大学，2011.

[42] 张莲莲．山西煤炭开发利用与可持续发展 [J]．能源论坛，1998
(4)：13 - 17.

[43] 全国乡镇煤矿调查研究课题组．全国乡镇煤矿调查 [J]．中国煤
炭，1997，23(17)：7 - 15.

[44] Panayotou T. Economic Growth and the Environment [M]．Kluwer Aca-
demic Publishers，Holland，2000.

[45] 张宝明．中国煤炭工业改革与发展 [M]．北京：煤炭工业出版
社，2002.

[46] 赵武. 中小煤矿关闭整合中存在的问题及对策 [J]. 中小煤矿, 2008(3): 59 - 60.

[47] 煤炭工业部. 生产矿井储量管理规程 (试行) [M]. 北京: 煤炭工业出版社, 1983.

[48] 郭文奇. 关于山西煤炭工业可持续发展的战略思考 [J]. 山西煤炭管理千部学院学报, 2005(4): 5 - 8.

[49] 贾悦谦. 我国煤矿开采技术 [J]. 煤炭科学技术, 1981(4): 12 - 18.

[50] 陆士良. 缓倾斜厚煤层采煤方法的研究现状 [J]. 北京矿业学院学报, 1959(3): 11 - 15.

[51] 郭广礼. 老采空区上方建筑地基变形机理及其控制 [M]. 徐州: 中国矿业大学出版社, 2001.

[52] 刘艳华. 浅谈煤层再生顶板 [J]. 中州煤炭, 1989(5): 10 - 11.

[53] 王仪. 浅谈再生顶板下回采中的几个问题 [J]. 矿山压力, 1988(1): 40 - 42.

[54] 彭文斌. 厚煤层注水固结顶板的实验与研究 [J]. 西安矿业学院学报, 1997, 17(2): 121 - 126.

[55] 彭文斌. 厚煤层注水再生顶板的研究 [J]. 湘潭矿业学院学报, 1993(2): 58 - 63.

[56] 钱鸣高, 李鸿昌. 采场上覆岩层活动规律及其对矿山压力的影响 [J]. 煤炭学报, 1982(2): 1 - 12.

[57] 钱鸣高, 刘听成. 矿山压力及其控制 (修订本) [M]. 北京: 煤炭工业出版社, 1992.

[58] 钱鸣高, 何富连, 王作棠, 等. 再论采场矿山压力理论仁 [J]. 中国矿业大学学报, 1994, 23(3): 1 - 9.

[59] Qian Ming gao. A study of the behaviour of overlying strata in longwall mining and its application to strata control [M]. Strata Mechanies, Elsevier Scientific Publishing Company, 1982.

[60] Qian M. G, He F. L. The behaviour of the mainroof in longwall minging: Weighting Span, fracture and disturbance [C]. J of Mine, Metals & Fuels, 1989: 240 - 246.

[61] Qian M. G, He F. L, Zhu D. R. Monitoring indices for the support and

surrounding strata on alongwall face ［C］. The 11th International Conference on Ground Control in Mining, The University of Wollongong, 1992: 25 - 262.

［62］ 宋振骐. 实用矿山压力控制 ［M］. 徐州: 中国矿业大学出版社, 1988.

［63］ 宋扬, 宋振骐. 采场支承压力显现规律与上覆岩层的运动关系 ［J］. 煤炭学报, 1984(1): 47 - 55.

［64］ 宋振骐, 陈立良, 王春秋, 等. 综采放顶煤安全开采条件的认识 ［J］. 煤炭学报, 1995, 20(4): 356 - 360.

［65］ 贾喜荣. 岩石力学与岩层控制 ［M］. 徐州: 中国矿业大学出版社, 2010.

［66］ 钱鸣高, 石平五. 矿山压力与岩层控制 ［M］. 徐州: 中国矿业大学出版社, 2003.

［67］ 陈刚, 姜耀东, 曾宪涛, 等. 大采高采场覆岩顶板应力规律三维相似模拟研究 ［J］. 煤矿开采, 2012(3): 5 - 8.

［68］ 弓培林, 胡耀青, 赵阳升, 等. 带压开采底板变形破坏规律的三维相似模拟研究 ［J］. 岩石力学与工程学报, 2005(23): 4396 - 4402.

［69］ 蒋金泉, 宋振骐. 采场围岩应力分布的三维相似模拟研究 ［J］. 山东科技大学学报 (自然科学版), 1987(1): 1 - 11.

［70］ 刘纯贵. 马脊梁煤矿浅埋煤层开采覆岩活动规律的相似模拟 ［J］. 煤炭学报, 2011(1): 7 - 11.

［71］ 任艳芳, 宁宇, 齐庆新. 浅埋深长壁工作面覆岩破断特征相似模拟 ［J］. 煤炭学报, 2013, 38(1): 61 - 66.

［72］ Gu D. Z. Physical modeling methods ［M］. Xu zhou: China University of Mining and Technology Press, 1996.

［73］ 李鸿昌. 矿山压力的相似模拟试验 ［M］. 徐州: 中国矿业大学出版社, 1988.

［74］ 林韵梅. 实验岩石力学 ［M］. 北京: 煤炭工业出版社, 1984.

［75］ Xie G X., Chang J C, Yang K. Investigations into stress shell characteristics of surrounding rock in fully mechanized top-coal caving face ［J］ International Journal of Rock Mechanics & Mining Sciences, 2009 (46): 172 - 181.

[76] 康天合，柴肇云，李义宝，等．底层大采高综放全厚开采 20 m 特厚中硬煤层的物理模拟研究［J］．岩石力学与工程学报，2007，26 (5)：1065 - 1072.

[77] 王崇革，王莉莉，宋振骐，等．浅埋煤层开采三维相似材料模拟实验研究［J］．岩石力学与工程学报，2004(s2)：4926 - 4929.

[78] 赵通．残煤复采工作面过冒顶区围岩控制技术研究［D］．太原：太原理工大学，2014.

[79] 史元伟．采煤工作面围岩控制原理及技术［上］［M］．徐州：中国矿业大学出版社，2003.

[80] 史元伟．采煤工作面围岩控制原理及技术［下］［M］．徐州：中国矿业大学出版社，2003.

[81] 张小强，王安，弓培林，等．工作面过旧采区时围岩结构及稳定性分析［J］．煤矿安全，2014，45(11)：180 - 186.

[82] 刘锦华，吕祖珩．块体理论在工程岩体稳定分析中的应用［M］．北京：水利电力出版社，1988.

[83] Goodman R E, Shi G H. Block theory and its application to rock engineering［M］. Englewood Cliffs：Prentic-Hall, Inc. , 1985.

[84] 冯国瑞．采场覆岩面接触块体结构研究［D］．太原：太原理工大学，2002.

[85] 顾铁凤，黄景．裂隙岩体巷道顶板失稳的块体力学分析与支护强度设计［J］．湖南科技大学学报（自然科学版），2005，20 (4)：21 - 25.

[86] 柳崇伟．裂隙岩体巷道稳定性的相关规律研究［D］．太原：太原理工大学，2001.

[87] 张自政，柏建彪，韩志婷，等．空巷顶板稳定性力学分析及充填技术研究［J］．采矿与安全工程学报，2013，30(2)：194 - 198.

[88] 柏建彪．沿空掘巷围岩控制［M］．徐州：中国矿业大学出版社，2006.

[89] 华心祝，刘淑，刘增辉，等．孤岛工作面沿空掘巷矿压特征研究及工程应用［J］．岩石力学与工程学报，2011，30(8)：1646 - 1651.

[90] 李迎富，华心祝，蔡瑞春．沿空留巷关键块的稳定性力学分析及工程应用［J］．采矿与安全工程学报，2012，29(3)：357 - 364.

[91] 张文阳. 旧采残煤长壁综采围岩控制及安全保障技术研究 [D]. 太原: 太原理工大学, 2010.

[92] 贾光胜, 康立军. 综放开采采准巷道护巷煤柱稳定性研究 [J]. 煤炭学报, 2002, 27(1): 6–10.

[93] 代进洲, 翟英达, 孟涛. 条带开采工作面煤柱合理宽度的确定 [J]. 煤炭科学技术, 2014, 42(2): 27–29, 33.

[94] 贾喜荣, 王丽. 回采巷道煤柱临界宽度理论计算方法 [J]. 太原理工大学学报, 2011, 42(1): 102–103.

[95] 贾双春, 王家臣, 朱建明, 等. 厚煤层窄煤柱沿空掘巷中煤柱极限核区计算 [J]. 中国矿业, 2011, 20(12): 81–84.

[96] 杜科科. 千万吨综采工作面等压过空巷技术研究 [D]. 青岛: 山东科技大学, 2011.

[97] 段春生. 综采工作面过空巷支护实践研究 [J]. 煤炭工程, 2010 (5): 37–39.

[98] 王永志. 煤柱回收时综采工作面多空巷的超前处理方法 [J]. 煤矿开采, 2007, 12(4): 29–31.

[99] 冯来荣, 梁志俊. 注浆加固技术在综采面过空巷中的应用 [J]. 煤矿开采, 2009, 14(1): 67–68.

[100] 白晓生. 新柳煤矿大断面切巷过空巷技术研究 [J]. 煤炭工程, 2010(5): 35–37.

[101] 张顶立. 综放工作面煤岩稳定性研究及控制 [D]. 徐州: 中国矿业大学, 1995.

[102] 张顶立. 综合机械化放顶煤开采采场矿山压力控制 [M]. 北京: 煤炭工业出版社, 1999.

[103] 乔伟, 张小东, 简瑞. 不同煤体结构特征对比研究 [J]. 煤炭科学技术, 2014, 42(3): 61–65.

[104] 王向浩, 王延斌, 高莎莎, 等. 构造煤与原生结构煤的孔隙结构及吸附性差异 [J]. 高校地质学报, 2012, 18(3): 528–532.

[105] Xiaoqiang Zhang, Kai Wang, An Wang, Peilin Gong. Analysis of internal pore structure of coal by micro – computed tomography and mercury injection [J]. International Journal of Oil, Gas and Coal Technology, 2016, 12(1): 38–50.

[106] 弓培林. 大采高采场围岩控制理论及应用研究 [D]. 太原：太原理工大学, 2006.

[107] 刘同有. 充填采矿技术与应用 [M]. 北京：冶金工业出版社, 2001.

[108] 杨泽, 侯克鹏, 乔登攀. 我国充填技术的应用现状与发展趋势 [J]. 矿业快报, 2008, 24(4)：1-5.

[109] B. Mi, P. W. Wypych. Pressure drop prediction in low-velocity pneumatic conveying [J]. Powder Technology, 1994(81)：125-137.

[110] R. Pan, P. W. Wypych. Pressure drop and slug velocity in low-velocity pneumatic conveying of bulk solids [J]. Powder Technology, 1997, (94)：123-132.

[111] Xiaoqiang Zhang, Dongfeng Zhang, An Wang, Yide Geng. Transportation characteristics of gas-solid two-phase flow in a long-distance pipeline [J]. Particuology, 2015, 21(4)：196-202.

[112] 安欧. 构造应力场 [M]. 北京：地震出版社, 1992.

[113] 李先炜. 岩体力学性质 [M]. 北京：煤炭工业出版社, 1990.

[114] 王亮清, 唐辉明, 夏元友, 等. 不同风化程度岩体弹性模量的确定方法研究 [J]. 金属矿山, 2008(7)：19-22.

[115] 郭强, 葛修润, 车爱兰. 岩体完整性指数与弹性模量之间的关系研究 [J]. 岩石力学与工程学报, 2011, 30(增2)：3914-3919.

[116] 汪云甲, 汪应宏, 连达军, 等. 煤炭资源经济可采性评价 [J]. 测绘通报, 2000(9)：13-14.

[117] 汪云甲, 汪应宏, 毛勇, 等. 煤炭资源经济可采性评价的基本方法与模型 [J]. 中国地质矿产经济, 1999(11)：23-28.

[118] 何长征, 毛勇, 陈于恒. 煤炭资源经济可采储量的确定方法及评价模型 [J]. 高校地质学报, 2005(6)：52-53.

[119] 夏玉成, 邱鹏, 褚维盘. 煤炭资源开采价值及其评估方法 [J]. 西安科技学院学报, 2003, 23(2)：164-168.

[120] 袁迎菊, 才庆祥, 赵畅, 等. 矿产资源价值研究 [J]. 金属矿山, 2009(2)：18-23.

[121] 黄汉富, 汪应宏. 顾及资源与环境价值的煤炭资源经济可采性评价方法探讨 [J]. 有色金属, 2006, 58(6)：40-44.

[122] 王立杰. 煤炭资源开采经济评价的理论与方法研究 [M]. 北京：煤炭工业出版社，1996.

[123] Conrad J. M., Clark C. W. Natural Resources Ecnomics, Notes and Problems [M]. New York：Cambridge University Press，1987.

[124] Randel A. Resources Economics——An Economic Approach to Natural Resources and Environmental Policy [M]. New York，John Wiley & Sons，1987.

[125] Hill, Forrest E. Cause for the productivity decline in U. S. coal mining [J]. Mining Congress Journal，1980，66(1)：35 - 37.

[126] 赵志勇. 矿产资源价值内涵的再认识 [J]. 河北理工学院学报，2003，3(3)：75 - 77.

[127] 魏小平. 矿产资源价值动态模型的研究 [J]. 中国矿业大学学报，1997，26(1)：57 - 59.

[128] Wearly, W. L. Crisis of declining underground coal productivity：its national impact，causes and solutions [J]. American Society of Mechanical Engineers，2001，22(1)：5 - 9.

[129] 李金昌，姜文来. 靳乐山生态价值论 [M]. 重庆：重庆大学出版社，1999.

[130] 吴强. 矿产资源开发环境代价及实证研究 [D]. 北京：中国地质大学，2008.

[131] 吴志杰. 煤矿区环境价值的评估方法及模型 [J]. 西部探矿工程，2006(8)：289 - 291.

[132] 党晋华，贾彩霞，徐涛，等. 山西省煤炭开采环境损失的经济核算 [J]. 环境科学研究，2007，20(4)：155 - 160.

[133] 孙健铭. 中国煤炭经济可采储量划分的原则与方法 [M]. 北京：煤炭工业出版社，1998.

[134] 寇学永. 煤炭资源开发的生态补偿研究：以贵州省为例 [D]. 贵阳：贵州师范大学，2006.

[135] 于庆东，刘昭阳，杨苹，等. 环境经济学的价值理论重构 [J]. 环境科学与管理，2007，32(9)：192 - 195.

[136] 曾贤刚. 环境影响经济评价 [M]. 北京：化学工业出版社，2003.

[137] 陈忠辉，谢和平，李全生. 长壁工作面采场围岩铰接薄板组力学模

型研究 [J]. 煤炭学报, 2005, 30(2): 172 - 176.

[138] 侯忠杰. 破断带老顶的判据准则及在浅埋煤层中的应用 [J]. 煤炭学报, 2003, 28 (1): 17 - 20.

[139] 黄庆享. 浅埋煤层的矿压特征与浅埋煤层的定义 [J]. 岩石力学与工程学报, 2002, 21(8): 1011 - 1015.

[140] 侯忠杰, 张杰. 厚松散层浅埋煤层覆岩破断判据及跨距计算 [J]. 辽宁工程技术大学学报, 2004, 24(5): 57 - 62.

[141] 马良筠, 高安泽, 刘克远. 岩石某些力学参数的试验研究 [J]. 力学学报, 1991, 23(4): 507 - 512.

[142] Habib Alehossein, Brett A. Poulsen. Stress analysis of longwall top coal caving [J]. International Journal of Rock Mechanics & Mining Sciences, 2010(47): 30 - 41.

[143] Cheng Y M., Wang J A. et al. Three-dimensional analysis of coal barrier pillars in tailgate area adjacent to the fully mechanized top caving mining face [J]. International Journal of Rock Mechanics & Mining Sciences, 2010(47): 1372 - 1383.

[144] Manual of FLAC3D [M]. Minneapolis: Itasca Consulting Group, 1997.

[145] Mohammad N, Reddish DJ, Stace LR. The relation between in situ and laboratory rock properties used in numerical modeling [J]. Int J Rock Mech Min Sci, 1997(34): 289 - 97.

[146] Xu ZQ. Study of several problems concerning selection of physical and mechanical parameters of rock used for numerical analysis [D]. Beijing, University of Science and Technology Beijing, 2001.

[147] Yasitli NE, Unver B. 3D numerical modeling of longwall mining with top-coal caving [J]. Int J Rock Mech Min Sci, 2005(2): 219 - 35.

[148] 张德明, 刘树臣, 项仁杰. 矿产资源的合理开发与矿山环境的综合治理: 特点与问题 [J]. 国土资源情报, 2003(12): 5 - 9.

[149] 胡自治. 草原的生态系统服务: Ⅲ. 价值和意义 [J]. 草原与草坪, 2005(2): 3 - 7.

[150] 杨志新, 郑大玮, 文化. 北京郊区农田生态系统服务功能价值的评估研究 [J]. 自然资源学报, 2005(4): 12 - 13.

[151] 谢高地, 张钇锂, 鲁春霞, 等. 中国自然草地生态系统服务价值

[J]．自然资源学报，2001，6(1)：47－53.

[152] 冯铭杰．欧洲 CO_2 排放配额贸易 [J]．国际造纸，2005，24(2)：1－3.

[153] 党晋华，贾彩霞，徐涛，等．山西省煤炭开采环境损失的经济核算 [J]．环境科学研究，2007，20(4)：155－160.

图书在版编目（CIP）数据

厚煤层残煤复采采场围岩控制理论及关键技术/张小强
著 . — 北京：煤炭工业出版社，2019
ISBN 978 – 7 – 5020 – 7319 – 0

Ⅰ. ①厚… Ⅱ. ①张… Ⅲ. ①厚煤层—复采—采煤方法—
围岩控制 Ⅳ. ①TD31

中国版本图书馆 CIP 数据核字（2019）第 054824 号

厚煤层残煤复采采场围岩控制理论及关键技术

著　　者	张小强	
责任编辑	徐　武　杨晓艳	
责任校对	李新荣	
封面设计	王　滨	

出版发行　煤炭工业出版社（北京市朝阳区芍药居 35 号　100029）
电　　话　010 – 84657898（总编室）　010 – 84657880（读者服务部）
网　　址　www. cciph. com. cn
印　　刷　北京虎彩文化传播有限公司
经　　销　全国新华书店

开　　本　850mm×1168mm¹/₃₂　印张　9¹/₂　字数　245 千字
版　　次　2019 年 8 月第 1 版　2019 年 8 月第 1 次印刷
社内编号　20192109　　　　　定价　38. 00 元